进化的故事

EVOLUTIONS

Fifteen Myths That Explain Our World

[以色列] 奥伦·哈曼（Oren Harman） 著
雷文茜 译

中信出版集团 | 北京

图书在版编目（CIP）数据

进化的故事/（以）奥伦·哈曼著；雷文茜译. --
北京：中信出版社，2019.10
书名原文：Evolutions: Fifteen Myths That
Explain Our World
ISBN 978-7-5217-0949-0

I. ①进… II. ①奥… ②雷… III. ①生物－进化－
普及读物 IV. ①Q11-49

中国版本图书馆CIP数据核字（2019）第183013号

进化的故事

著　者：[以色列] 奥伦·哈曼
译　者：雷文茜
出版发行：中信出版集团股份有限公司
（北京市朝阳区惠新东街甲4号富盛大厦2座　邮编　100029）
承 印 者：北京楠萍印刷有限公司

开　本：880mm×1230mm　1/32　　印　张：8　　字　数：141千字
版　次：2019年10月第1版　　印　次：2019年10月第1次印刷
京权图字：01–2019–3775　　广告经营许可证：京朝工商广字第8087号
书　号：ISBN 978-7-5217-0949-0
定　价：49.00元

谨以此书献给

我的孩子沙伊齐和阿比，

以及我的爱人耶莉

/ 目录 /

—— 序　言　/ III

—— 第 1 章　宿命：宇宙最初的样子　/ 001

—— 第 2 章　傲慢：太阳系的诞生与毁灭　/ 013

—— 第 3 章　母性：地球与月亮　/ 023

—— 第 4 章　不朽：地球上最初的生命　/ 031

—— 第 5 章　爱：生命之网　/ 041

—— 第 6 章　自由：共生的界限　/ 051

—— 第 7 章　死亡：与性的繁衍为敌　/ 059

—— 第 8 章　骄傲：多细胞体的由来　/ 069

—— 第 9 章　嫉妒：眼之初现　/ 079

第10章 好奇心：从水生到陆生 / 089

第11章 孤独：飞向天空 / 101

第12章 奉献：重回大海 / 113

第13章 记忆：意识的开启 / 121

第14章 真理：语言的诞生 / 133

第15章 希望：思维的骗局 / 143

延伸阅读 / 155

致谢 / 231

/ 序言 /

在到处是一片黑暗的年代，伟大的造物主维拉科查（Viracocha）自的的喀喀湖而来，为世界带来光明。首先他创造了太阳、月亮和群星。随后，他向石头吹了口气，创造了人类。但那时的人类是毫无头脑的傻大个儿，很快他们就惹得维拉科查甚是不快。于是，他用一场洪水毁掉了自己亲手创造的世界，并用更小的石头再次创造了人类。最后，他走在水面上，消失在太平洋中，再也没有回来。但是，印加人坚信有的时候维拉科查会返回人间，装扮成乞丐的样子，向人类传授文明的秘密，为人类面临的困境而悲叹。

这意味着什么？答案取决于你问的对象。在哲学家眼中，神话传说是寓言形式的哲学真理；在历史学家眼中，神话传说是对历史真相的歪曲；对于心理学家，神话传说反映了我们内心深处的恐惧；对于道德家，神话传说是人类的指南针；对于诗人，它们则是灵感的源泉。神话传说讲述的是遥远的过去或者想象中的未来的故事，如同亲切又神秘的伙伴尾随我们而存在。神话传说指引着我们在宇宙中行走，并为我们带来某种慰藉。但是，神话也能召唤超出我们期望的真相：关于物质、时间和力量的本质，以及我们如何诞生，我们何以充满希望或者失望，我们会走向何处。然而，无论我们多么努力去试图破解神话的含义，它们都会从我们手中溜走，就像孩子捕捉的蝴蝶。

也许文学评论家诺思罗普·弗赖伊（Northrop Frye）曾经抓住了神话的精髓，他说神话描述的不是过去的事，而是当下发生的事。也许弗赖伊是从异教徒思想家萨卢斯提乌斯（Sallustius）那里借鉴了这个观点，萨卢斯提乌斯创作了《关于众神和宇宙》，他如此描述神话，"这些故事从未发生，却永恒存在"。也许他读过柏拉图的《斐德罗篇》，在这本书里柏拉图称神话为"荒诞的故事"，但同时他也承认那些独特的神话可能表达了一般的真理。无论是被神秘化的，还是用象征性的方式表达的，神话都是围绕有关宇宙和宇宙内的关系的事实内核产生的。但是，先不管我们如何制造出这些事实，这些事实真的存在吗？是否存在那样的"现实"，它被清晰地呈现在人类的意识中，然后由语言直接描述出来？也许在我们感知到世界所谓的确定性之前，是我们的观念构建了我们的世界，而且这些观念是和我们本身紧密相关的。

所以，无论你是一名哲学家、道德家、历史学家、心理学家，还是一位诗人，或者只是一个喜欢阅读神话的人，你都可以从这个角度看待神话：神话是现存难题的表达方式，是我们孤独的、不断追寻的思想的产物。而且，因为我们的意识一直幻想着无穷，在确定而悲伤的死亡影响下度过了这些年，所以引人注目的是，神话的主题一直没有改变。神话是人类的故事，它们讲述的是我们能从内心感觉到其重要性，但凭借人类如今的智慧又无法真正理解的事物。母性、自由、死亡、不朽，记忆、嫉妒、孤独和奉献，诞生和重生、真理、爱、傲慢、宿命，这些都是我们不可缺少的神话的主题。

神话的主题是普适的，但是对于不同的民族，它们却有不一样的意义。对于古埃及人以及之后的基督徒，重生是救赎之意，或许起源于由植物的生长周期决定的每年一度的丰收仪式。但是，对创造出从吸血鬼到《蝙蝠侠》中的小丑等一系列恶魔的现代人来讲，重生却意味着对复仇和破坏的追寻。尽管习俗不断改变，但不管是古希腊人、中世纪的莫卧儿人、布须曼人、阿尔冈昆人、拉普兰人，还是你和我，都能感知神话中那种永远无法被真正理解的主题：我们为什么在这里？我们是如何诞生的？藏在幕后的操纵不可避免的死亡和不可预知的生命的神秘力量究竟是什么？

据我们所知，石头、树木和蟾蜍并不会思考这样的问题，所以，无论我们信仰什么，我们都把这些神话当作人类与其他事物并不相同的一种迹象。当然，这些神话要追溯到人类诞生之时。例如，几万年前在位于法国南部的肖韦岩洞中，人类就用双手在山洞里绘出捕猎图，大多数神话都与绘图的双手大有渊源。不管我们如何解读神话，神话都不是谎言，也不是纯粹的虚构之物。相反，神话是有力地扎根于人类集体经验的奇幻故事。如同人们通过神话启迪生活一样，神话本身也是既坚实又抽象，既真实又虚幻的。但是，神话最终不会给出确定的答案，因为它们提出的问题本就是没有确定答案的。神话比其他任何形式的思想都挖掘得更深，它们表达了人类对自我存在的理解的光荣而徒劳的探寻。

神话的意义比道德的意义更加深远，这种对比看起来似乎有些狭隘，就像比较孩子和痴迷孩子的人。神话比宗教的功能网络具有更强的决定性，宗教一词来源于拉丁语“ligare”，意为“捆绑”。在事实这个绝对客观的国度里，人们一直认为神话是仅次于事实的，因为事实是无法用语言讲述的。普鲁塔克说，真相和神话之间的关系犹如太阳和彩虹，太阳的光芒经过散射形成斑斓的彩虹，他这个比喻似乎抓住了精髓。神话通过不同的语言，在不同时代间流传，但它的根本和核心是普适的。

正如所有民族正在做或者已经做过的，古希腊人用他们的典故和方式塑造了神话。即使是他们之中最大的反叛者也只能以那个时代的方式讲话，比如恩培多克勒。

恩培多克勒出生在西西里岛的阿克拉加斯，生活于公元前493—前423年。他是魔术师，或者游吟诗人、政治家、医生、哲学家、悲剧演员、江湖骗子、先知，又或者以上全部身份都属于他。他也是高尔吉亚的老师、巴门尼德的学生、芝诺的同辈、色诺芬尼的追随者，他还和柏拉图一样，是陷入抄袭争论的毕达哥拉斯门徒的一员。相传，恩培多克勒用里拉琴弹奏出美妙的音乐，消除了一位年轻人狂暴的愤怒，写作了43部悲剧，发现了携带疾病的风，通过填补山中的一道裂缝治愈了一位不孕的女性。除此之外，相传他也阻止过一团能把阿克拉加斯人淹没的风暴云，让一位失去脉搏和呼吸30天的女人复活。他还自己出资，自两条邻近的河挖掘通道，通向一条居住着恶臭恶魔的河，由此解救了一座受恶魔所困、瘟疫蔓延的城堡。神奇的是，关于这位古希腊的圣人，人们对他的死因却一直争论不休。特里曾的德米特里称恩培多克勒是悬梁自尽。法沃里努斯称恩培多克勒从马车上摔下，因为大腿受重伤不治而亡。特劳格斯的说法是年老的恩培多克勒在船上不慎摔下，溺水而亡。赫拉克利德斯·彭提乌斯及其之后的贺拉斯、奥维德、卢奇安等古时的伟大诗人则给出了最戏剧化的死亡方式：恩培多克勒为了证明他已经为神的说法，一头栽进了埃特纳火山喷涌着的熔岩中。

不管是神还是凡人，是妙手神医还是庸医，有一件关于恩培多克勒的事是确定的，即他确实提出了指导人们理解自然的4个永恒元素，在他神秘消失之后的2 000年里对人们影响深远。他在著作《论自然》中写道："有四者为万物的根本，即闪耀的宙斯、生命给予者赫拉、埃多纽斯和内斯蒂斯[①]，内斯蒂斯的眼泪可以给人类提供泉

① 内斯蒂斯即冥后珀耳塞福涅。恩培多克勒认为她的名字代表死亡，不能被提起，于是用"内斯蒂斯"来指代她。——编者注

水。”恩培多克勒惊讶于同时代的赫西俄德风格说书人的谎话连篇，急切地想要为人类的真知灼见建立起更坚实的基础。理性来自可被解释说明的命题，而不是神话或者谎言。他追求的显然不是幻想、传奇或者无边际的想象。宙斯、内斯蒂斯、埃多纽斯和赫拉究竟是什么？他们是火、水、土和漫无边际的空气，以及所有由这4种元素构成的事物。

但是，为什么要把这些元素塑造成神呢？既然恩培多克勒追求的是迷糊少年的觉醒，为什么要把理性伪装成神话呢？作为一个战士和叛逆者，恩培多克勒没有试图把历史从纯粹的编造中挽救出来。针对古老的信仰的重要核心，存在一个巨大的挑战：神话中的各种形象只是当时无法解释的自然力量的代号。宙斯、赫拉、埃多纽斯和内斯蒂斯事实上并非人们可感知的火、空气、土和水，而是抽象的力量，象征着被我们称为现实的元素的不可摧毁和永恒的本质。“你们的神是被创造出来的！”恩培多克勒大喊着，在他悬梁自尽、从马车上跌下、掉进大海里或者醉醺醺地一头栽入咆哮着的埃特纳火山，永久地从世界上消失之前。

这是属于恩培多克勒的传奇。随后，我们进入了现代社会。

如果神只是神话创作的产物，为的是让希腊人更深刻地理解世界，那么现代人可以做得更好，起码他们是这样认为的。古代人需要神灵，但是现代人不需要神灵就可以做成同样的事。神话突然间有些多余了，蒸汽机、火车、电报、电灯为这个世界带来了新的坚实力量。科学仿佛是普罗米修斯的化身，很快成为所有秘密的答案。

以下所有伟大的成就均被载入史册。英国“魔术师”牛顿凭一己之力塑造了一个由物质、力、引力和加速度组成的新世界。在牛顿之后，俄国化学家门捷列夫用科学（而非寓言）排列了元素（溴，钙，氢，锌）。一位对豌豆充满热情的摩拉维亚神父（孟德尔）发现了遗传规律，将人类的世代联系起来。巴斯德和科赫一边争吵一边指挥着微生物大军。达尔文将所有形式的生命填入经过修改的世系之树。健壮的新西兰人卢瑟福脸上永远带着一丝微笑，他将看不见的原子轰击开，完成了德谟克利特认为不可能的壮举。科学凭借其自身的魅力无情地搅乱了神话世界。恩培多克勒也许不得不需要借助神灵来消除神灵，但是现代人没有这样的烦恼。最终，现代人终于能够解读纯粹的自然之书。

随着卢瑟福和孟德尔时代的到来，科学取代神话成为理解世界、理解人类的有力方法。它已经成为现代人的权威语言，也是我们习惯选择的语言。除物理学与化学之外，生物学作为科学中最无法无天的一门科学，将自身塑造为当代的原始语言。它第一次带我们深刻理解了那些在岩洞墙壁上作画、创造了世界神话的先人的本质。肖韦岩洞中的艺术家描绘了奔腾的野牛和颇具威胁性的豹子，古希腊人描绘了狂暴的赫拉和狡猾的宙斯，但现在我们用基因和自然选择来解释恐惧和欲望、嫉妒和希望。当埃涅阿斯的船从迦太基海湾撤离时，我们没有和维吉尔的狄多一起哭泣，而是用“乙酰胆碱”、

“血清素”、“多巴胺”和“催产素”等词语来谈论感情，假装捕捉到了重要的东西，我们还用药物来调节自己的行为。一些书名就能说明这一现象：《信任的生物学》《道德的演化》《解剖暴力》《有意义的生命的科学》。自然选择的逻辑及基因和发育的复杂性，已经成为我们讨论母爱和记忆、道德起源和死亡意义的现代语言。

这一条路很漫长。自弗朗西斯·培根时代以来，技术革命改变了我们的世界，从吃饭、旅行、战争到做爱的方式都发生了翻天覆地的变化。建立在深奥数学基础上的预言已被证实，并催生了数十亿美元的产业。巨大的工业体系被建立起来，为人类身心的基础和保护提供了能量。即使是我们面临的最大难题，似乎也要被解开了。如今，很多科学家都认为人的意识与大脑中特定区域之间的关系似乎已经很清楚了。在观察了人类的缺氧情况和麻醉状态，揭开抑郁与兴奋情绪中涉及的分子后，人们都赞同意识起源于大脑中的特定区域，并和生物学规律相符。意识是一个难题，尽管我们历经几个世纪都未能解决它，但我们认为它并非不可碰触。未来，人类会解开更多关于人类大脑创造思维的谜题，我们是这个美丽新世界的创造者。

然而，意识“如何发生”是一回事，意识是“什么”则是另外一回事。虽然我们掌握了“现代炼金术”，知道在所有条件下可以为人类带来幸福感的催产素、乙酰胆碱以及多巴胺和5–羟色胺的精确比例（这是一个相当令人难以置信的假设），但知道幸福的化学触发因素并不能告诉我们幸福是什么。我们可能会发现情绪的神经相关性，但在经验水平上，我们仍然不知道它们是什么。大脑创造了自我的感觉，我们对此充满信心。但是，这个“我”的本质是什么，没人能给出答案。

也许我们并不应该对此感到惊讶。科学好像要取代神话，但事实上科学同创造出神灵、来世、灵魂和世界起源的神话一样，也是由理解世界的渴望推动的，是被“故事”塑造的。科学是一种具有竞争性的故事：它赋予万物名字，它讲故事，但它讲故事的方法会以惊人的方式不断改善。从这个角度看，科学确实很特别。但是，即使最伟大的故事也只是故事，就算这个故事帮助飞机飞上天空，或者帮助我们摆脱了疾病。在这个科技年代，我们会期待像“意识”这样的谜题可以用物理过程解释。自17世纪以来，我们在不同的领域引进各种比喻，先后将大脑塑造成液压系统、错综复杂的时钟、电报交换机、神经网络和量子计算机，还谈到拉动杠杆和处理信号以及非线性动力学。我们编织了我们能想到的最好的故事，我们的故事就像我们的文化一样随时代而变。

不同的理论不仅代表了我们表达这个世界的不同方式，也代表了我们希望在这个世界看待自己的方式，两者彼此交融、不可分割。正如洞穴岩画之于克罗马农人，奥林匹斯十二主神之于希腊人，科学既是我们的指导，也是我们的倒影。我们可能不会将自己视为连续统一体的一部分，但毫无例外地，每个时代都用尽全力构建出深刻的存在主义难题。毕竟，我们是恩培多克勒的子孙后代。

尽管科学彻底打破了神话，尽管它取得了惊人的成就，但让我们勇敢地问自己：在用头脑和心灵思考存在主义的难题时，我们真的比古希腊人更出色吗？宇宙膨胀的知识让我们对命运的真谛更加了解吗？血液中催产素水平与“亲社会性”之间的相关性是否揭示了母性的本质？嫉妒、爱情和牺牲是否都能作为一种具有进化优势的情感来理解？如果有一天科学能够通过绘制我们大脑神经细胞之间的相互作用图谱来读懂我们的想法，我们就能够说——并且相信——我们已经深入理解了什么是体验吗？

如今的科学是我们获取知识的最安全的路径，它正和技术结合在一起，继续创造出更多奇迹。你只要问一下曾经在跨大西洋航班上上网的人，或者在采访前服用哌甲酯①的人，或者通过超声波瞥见未出生的婴儿的人，或者坐在LED（发光二极管）灯下边吃转基因苹果边阅读书籍的人，即可知道答案。对于那些存在答案的问题，科学是提供答案的最佳途径。在这方面，毋庸置疑，它没有可比拟的对手。

然而，不管是科学家还是普通人经常把控制和理解混为一谈。很多时候，自然存在的事情被当成正确的事，复杂的情形被简化为滑稽的漫画，谦逊也被扔在一边。最让人忧心的都是一些基本的事

① 哌甲酯是一种中枢神经系统兴奋剂药物，被用于治疗儿童注意缺陷多动障碍，在欧美被当成提高专注度的“聪明药”而滥用。——编者注

情：我们这些无神论的冠军骑士，将那些告诉我们唯一值得我们解开的谜题终有一天也会不敌我们的问询的人当作英雄。这是一种严重的误判。因为还有很多值得探究的谜题，这些谜题远没有被解开的迹象。科学让我们获得了知识，但科学以后不会是一枝独秀。如果我们不能确定科学的前程，以及科学之外的可能性，我们的向导和镜子就有可能沦为空洞的保证。

最终，我们将只能去掩盖我们在当代语言中对意义的追求，如同恩培多克勒曾经做的那样。和穴居人、古希腊人、中世纪的莫卧儿人、布须曼人、阿尔冈昆人和拉普兰人一样，我们在无限想象和不可避免会灭亡的世界中继续着我们的冒险之旅。所有文化都知道，有些领域如此深刻，以至于知识也无法触及。“自然科学永远不会帮助我们发现事物的内部秘密……它发现的只不过是皮毛。”伊曼努尔·康德在约瑟夫·普里斯特利、威廉·赫歇尔和埃德蒙·哈雷的时代这样说。一个半世纪之后，路德维希·维特根斯坦在《逻辑哲学论》中称：“即使所有可能的科学问题都得到了解答，生活中的问题也可能根本未被触及。但是，也没有任何遗留的问题，这就是答案。”两个人都知道，伟大的神话撰写者总是受直觉的支配：不像在科学领域和不可饶恕的神话领域中，知识并不是一件商品。

古人意识到，神话的真相已经超出了我们的能力范围，甚至超出了我们的知识范畴。科学扮作可以通过知识获得控制权，用掌握取代屈从的样子。你可以完全理解它，它也可以同时解救很多人。

合成生物学、药物设计、生态工程、人工智能，所有这些都意图拯救人类。当我们的知识中所有缺失的部分都得以填补，所有有意义的问题都得到解答时，美好必定随之而来。

承诺是诱人的，但它也给人们增添了很多欲望。消灭世界上的饥饿和延长人类的寿命是我们能想到的首要目标，但对于“完美”的婴儿，他们不应该为幸福所迷惑。星际旅行可能即将实现，但它不会向我们揭示命运的意义，也不会治愈癌症；无论这趟旅行多么精彩，也不会带来存在主义的解脱。环顾我们使用的苹果手机和被抗生素包围的世界，我们想知道：这真的是全部吗？

也许这就是我们很多人，虽然是现代人，仍然像恩培多克勒一样继续破解那个存在主义的难题的原因，但我们经历了一个重要的转折。我们也许并不总能重新创造雷神托尔和阿波罗，但我们知道催产素和血清素将无法取代神的地位。我们知道还有科学尚未触及的问题，这些问题很重要，甚至是最重要的。因此我们创造了古代英雄的升级版本：蜘蛛侠，蝙蝠侠，神奇女侠，超能先生。我们还创造了虚幻的国度，比如维斯特洛七国、黑客帝国和纳尼亚，以及《哈利·波特》和《星球大战》所描绘的世界。在寻找不可知意义的过程中，我们找到了通往诗歌、文学、音乐、艺术、身体、自然、上帝和哲学等除科学之外的所有地方的道路。科学意味着抛弃神话。

但它真的必须这样做吗？

在接下来要讲的神话中，我将以我们这个时代的语言重新演绎和创造关于生命奇迹的永恒思考。在这里，我们将选择天文学、物理学、地球化学和生物学等“语言”。在基因学、化学、神经科学、地质学、古生物学和语言学方面的最新知识的基础上，我将用进化论掀开生命起源的神秘面纱，展现其生机勃勃的传奇故事。它将揭示生命如何起源，第一个细胞何时诞生，以及为什么一开始细胞会聚集在一起形成身体。它提供了关于地球上生命如何发生巨大变化的理论：光合作用、性别、视觉、飞行、语言和意识的起源。它讲述了我们为何存在和如何存在。

大多数时候科学都被视为确凿无疑的，它的历史教训也被遗忘了。几个世纪以来，托勒密派天文学家认为天上存在本轮，新柏拉图主义者则推崇存在巨链的概念，亚里士多德确信女性的牙齿和血液比男性少，盖伦认为心脏刺激了我们的身体，笛卡儿则认为“我思，故我在”。现在，我们不再相信这些故事，也不再讨论燃素或泛生论。但是，我们需要提醒自己，今天我们所说的“真理”可能就是明天的“假象”；我们中最伟大的思考者创立的精细理论，可能和亚里士多德、盖伦或者笛卡儿的理论结局并无二致。尽管我们对科学的宏图大志充满信心，但科学有些时候并非纯粹地向着“真相”迈进，而更像在我们重新梳理了眼前的知识之后，抹去昨日“真理”的过程。天文学和进化论都是对过去的深刻理解，其中很多仍需推敲。天文学家埃德温·哈勃认为“科学家通过不断地前进，逐渐接近了世界的真相”，他是对的。但是，当19世纪的乌托邦作家兼进化论者塞缪尔·巴特勒发出警告时，他可能更接近事情的核心。巴特勒说："毕竟，科学只是表达了我们对自己无知的无知。"

尽管我们关于物质起源、银河系、人类直觉和意识的理论都需要经过推敲才能逐渐接近真相，但这些理论仍然是我们对宇宙万物如何发展的最佳猜测。科学理论展现了我们这个年代对破解最伟大谜题的朴素尝试。从这个角度看，科学和奥林匹斯十二主神没有什么区别，即使有时候它欺骗了我们，让我们相信自身拥有对超出我们能力范围的事物的控制能力。恩培多克勒可能是个怀疑论者，但很多古希腊人相信他们的神话就如同现在很多人相信科学一样。正如奥林匹斯十二主神之于古希腊人的意义，力、元素、分子和有机体也成为过滤存在主义难题的棱镜。

很多科学家和作家会讲述真实的故事，同时揭示我们知晓的和超出我们能力范围的内容，但是本书选择了另外一条路径。在这里，我们知道的一切将会成为我们的认知极限，我们将逆流而上，把最前沿的知识集结起来，去解决已存在多年的谜团。科学把神话视为多余的，从而忽略了它。但是，这样做剥夺了我们现代语言的一个重要任务，一个任何时代的所有语言都忠实执行的任务。在回答那些已有答案的问题时，科学可以意外地帮助我们生活得更加舒适，并用不确定性提醒我们在知识领域之外，我们能够触及的都是次要的真相。这就是本书的使命：通过讲故事，用现代绚丽的语言去重新完成古老的任务。

在这里我们遇到了大爆炸和多重宇宙，并通过它们从新视角看待命运。我们看到撞向地球的巨大流星因冲击而产生了月球，从而成全了母爱；我们古老祖先之间的混乱基因成为我们对爱的现代定义的一种挑战；共生的第一个动作就暴露了自由的双面性；三叶虫长出的眼睛将嫉妒带到了人间；章鱼的记忆揭示了意识的悖论；语言的诞生讲述了我们与真理之间的纠缠挣扎。通过这些故事，我将生命和宇宙历史的决定性发展同现存的主题联系在一起，读者可以从全新的角度思考这些主题。在最后一章，我又回到了最初的问题：我们是谁？神话有什么用？

以下是关于本书叙述方式的简单说明：科学家常常会使用一些媒介来解释自己的观点，比如分子、生物、物理作用力，尽管他们有时候会避免使用这些词语。这些与他们经常使用的比喻和寓言一样，都代表了语言的界限、真正的哲学悖论和创造力的来源。科学家谈论能量、结合和利他主义，描述电子“跃迁”、恒星“喷射”、鲜花“绽放”、鸽子“咕咕叫”和猴子坠入爱河，所有这些概念在我们的生活中都有意义。去掉其中包含的对人类细微差别的科学定义是很难的，甚至是不可能的。科学是一种比我们认为的更神奇的语言。

本书中的很多谜题都是从一位无所不知的、如同科学媒介的讲述者口中说出来的，他试图公正地且没有任何目的地讲述，但偶尔会失败。其他的内容则是从一位怀疑论者口中说出来的，他从科学的承诺中抽身，并质疑科学的真实性。为了忠实反映科学的意图，有时候进化论和宇宙哲学中的角色会自己讲故事，将科学和其自身感受作为指引和镜子。因此，地球从宇宙哲学的角度曲折地表达了母爱；变形虫帮助我们从一个不寻常的角度看待骄傲；三叶虫将会哀悼它的嫉妒；从有蹄类动物进化而来的鲸鱼将阐述牺牲的意义；章鱼的记忆中将浮现出意识的寂寞。爱也将被早期微生物赋予期限：我们认为它是一种情感，但是以进化论作为指导，我们也许可以用不同的方式来定义它。

在本书的结尾，我将在“延伸阅读”部分向读者推荐一些科学著作，让读者了解更多的证据。被引用的文献包括流行的推荐目录和一些经典目录，以及一些独特的文学和历史典故。阅读完正文的每个谜题后，你都可以直接阅读相关的解释说明部分，或者你也可以读完正文后再阅读这部分内容。“延伸阅读”部分旨在为正文提供参考和解释，澄清一些相关的科学思想和有争议的知识。就像过去的神话一样，很多现代科学理论也是暂时性的，有些甚至饱受质疑。传说牛顿死去时如同他出生时的样子，是一个处子。如果历史是一位律师，那么每种科学理论自诞生起就带有批判性。

索尔·贝娄曾说，科学就是肃清了的信仰。无论他正确与否，科学都不必彻底摒弃神话。毕竟，有些事远比我们知道的更深刻。这些故事是对科学的经久不衰的赞美，但也是对科学的不谦虚的纠正。威廉·布莱克曾写道：“狮子的怒吼，狼群的嚎叫，风雨如磐的大海的肆虐，以及置人于死地的剑，都是人类眼中最永恒的部分。”当我们瞥一眼肖韦岩洞中的画作，或者阅读宙斯和阿波罗的故事，甚至坐在舒适的影院里观看《星球大战》或《哈利·波特》时，我们都能够想起这些话。但是，当我们盲目地相信科学或完全拒绝科学时，我们就会忘记它们。

在本书中，我们将走在大道中间，由新的英雄带领：重力和角动量，太阳、地球和月亮，氧气和线粒体，细菌和核酶，黏菌，三叶虫，早期鲸，翼龙，章鱼，直立人，以及人类。

这些神话将会带领我们去了解地球上的生命和宇宙的历史，也将带领我们探索人类传说的永恒主题。哲学家也许能够找到蕴含真理的寓言，心理学家能够感受到我们的恐惧和希冀，道德家能够为我们找到指南针，未来的历史学家（谁知道呢）也许能够发现我们曾经是怎样歪曲地看待世界中的自己的。但是，我希望所有读者，只要你属于人类的范畴，都将认同这趟古老的旅程，这次古老且意义深远的探求。

“这些故事从未发生，却永恒存在。”

第1章

宿命：宇宙最初的样子

1 —

毕达哥拉斯称之为“一切”。

当它诞生的时候，已经包括了所有的过去和未来，所有的物质和能量，所有的恒星、行星和星系，以及萌发的嫩芽和破碎的心。每一个将会挥发或者静静落至石上的水滴都已在那里。这个伟大的起源将孕育哲理、数学和未来。带着这种信念，人类曾经竭尽全力妄图从结局中逃离。

大约140亿年前，“一切”开始了；它如此迅速，以至于如果你恰巧眨了一下眼睛，也许就会错过。

我们称它为宇宙。

2 —

但宇宙并不总是现在的样子。诞生之时，根据早期的人类所想，宇宙仅仅指他们所能感受到的世界。

巴比伦人认为大地和天空的拱顶是由地母提亚马特的肋骨制成的。她的儿子将她的肋骨弄碎化作天地，她的泪眼化作底格里斯河和幼发拉底河，她的尾巴化作银河。

而挪威人的故事则不一样，他们认为世界的一切皆起源于巨大太古空隙深渊中冰与火的碰撞所产生的一个巨人。巨人伊米尔被母牛欧德姆布拉舔舐的时候，从他的汗水中生出了更多的巨人及其子孙，其中就有奥丁。奥丁的两位兄弟——威利和维合谋杀死了他们的祖先伊米尔，之后，正如歌谣中所唱，“伊米尔的肉化作大地/伊米尔的鲜血化作海/伊米尔的骨头化作高山/伊米尔的头发化作森林/伊米尔的头颅化作天空/欢悦的众神用伊米尔的眉毛/完成了人类的家园米德加德/最后用他的大脑/描绘了天边浅灰的云”。

毛利人也拥有一个关于世界起源的故事。天父和地母是一对恩爱的情侣，始终拥抱在一起。但是他们的孩子只能在他们中间，始终被黑暗包围。慢慢地，他们的儿子无法忍受这样的生活。农业之神兰戈试图分开他的父母，但是他们的爱情太过牢固，所以兰戈没有成功。海神唐歌拉和他的兄弟野生食物之神胡米亚缇克缇克也加入了，但仍然无法分开他们的父母。在尝试了很多次之后，森林和鸟类之神塔尼用背抵着他的母亲，用强健的腿蹬踢他的父亲，终于将他们分开了。阳光第一次照射进来，几个儿子有了足够的空间，无比欢悦。但是，风暴之神塔里马提无法忍受父母的哭泣，发誓要为父母报仇。自此以后，飓风、雷暴、大雨、雾霾、冷霜和旋风就不断侵袭大地，海洋、田野、森林、鱼鸟和人类都跟着遭殃。被分开的天父朗基和地母帕普只能永远思念着对方。

关于世界起源的故事还有很多。古代的中国人认为世界是由一个蛋孵化而成，而亚里士多德则认为世界是永恒的。

3 —

宇宙诞生于大约137.99亿年前，和传说中的鸡、肢解的身体或被分开的爱之拥抱并没有什么关系。实际上，宇宙源自一场大爆炸。不仅我们的天空和大地由此而生，包含我们的太阳系在内的数以亿计的星系，以及包含这数以亿计的星系在内的无数星系也都源于此。从大尺度上看，星系在宇宙中均匀分布，没有边际也没有中心。

4 —

宇宙诞生之时，什么都没有：没有时间，没有空间，没有原因。卢克莱修曾说没有什么能凭空产生，但是在科学家看来，他错了。大爆炸正是从无而生，预示着孕育和刻画宇宙的力量的到来。有一天，这些力量会被命名为弱相互作用力、强相互作用力、电磁相互作用力，以及万有引力。

大爆炸后时间开始，当然这时科学家还未出现，所有的力只以一种形式存在，没有强弱之分。力仍然是统一的，但是大一统世界未能长久。那时是普朗克纪元，世界是高密度、闷热、黑暗和对称的。虽然这段历史很长，但这个时期只持续了10^{-43}秒。之后，统一的力被迫分开。

引力作为一种最弱的力，却突然之间成为第一个逃脱的力。它能够做什么呢？毕竟那时的宇宙的直径只有10^{-35}米。随后强相互作用力也挣脱出来，并引发了宇宙膨胀。一瞬间，宇宙变为一个葡萄柚那么大。终有一天引力会发挥它的作用：在这个迅速膨胀的宇宙中，真正的力量将在远处爆发。

伟大的战争紧随其后。在这个大锅里，物质与反物质互为敌手。所以当胶子产生夸克时，反夸克也出场与它们对抗。10亿夸克中只有一个能在这场激战中留存下来，比九死一生还要惊险。激战的余骸生成了所有的物质。

接下来是结合的时间。希格斯玻色子让质量成为可能。在直径拉伸到10亿千米后，宇宙的温度冷却到仅有一万亿摄氏度。此时，引力仍然十分遥远和微弱，强互相作用力将存留下来的夸克凝聚在一起，由此产生了强子。几乎在强子形成的同时，反强子也形成了，并试图消灭强子。再一次，物质“九死一生”地存留下来。

宇宙从什么都没有的一点，生长到直径长达1 000亿千米。让我们看一眼钟表，从宇宙大爆炸开始，时间只过去了一秒。

5 —

路径已经确定了，从诞生的一瞬间就确定了。随着宇宙不断冷却，强子间相互保持着很近的距离，结合形成第一批稳定元素：氢、氦和微量的锂。20分钟之后，仿佛突然间遭到嘲笑一般，所有的核聚变都停止了，因为温度过低。宇宙在随后的38万年一直在黑暗之中游荡，所有波长的光都被自由电子瞬间吸收，这是一种无形、高密度、灼热的等离子体。渐渐地，自由电子被原子捕获，光子从物质中分离，在宇宙中旅行，直至被散射，光子的旅行首次使宇宙呈现出透明的样子。气体云开始凝结。数十亿年之后，恒星和星系形成。黑暗时代即将结束，重元素即将诞生，光和生命即将降临宇宙。最终的结果是诞生了爱。

路径已经确定，但是这里还有个玄机：宇宙正克服万难，持续扩张。哈勃在1929年观测到这个现象。引力将宇宙中的星座拉向一处，但是星系随着旋转彼此分离，我们未来的愉悦和忧伤的集合体在逐渐消散。

哈勃之后的天文学家在1998年发现了关于宇宙扩张速度的更惊人的事实：宇宙的扩张非但没有减慢，反而在加速。这就好像将一个苹果抛出去，它的速度变得越来越快。还有一些力肯定在画面一角暗暗嘲笑：引力将距离选作它的同盟，但距离却背叛了它，还当着它的面嘲笑它。

在危急关头，爱因斯坦开始实施拯救。根据他的计算，引力既能将物体分开，也能将物体拉到一起。伟大的事实也有它的另一面，正如玻尔认为的那样。但爱因斯坦当时并不相信这一点，因为并没有人观察到相应的现象。宇宙被罩上了一团迷雾，膨胀成为可能。不过，我们很快就会揭开它的神秘面纱。

6 —

暗能量十分迷人。

为产生加速宇宙膨胀的反引力，暗能量需要以与普朗克单位相同的精确密度存在。根据天文学家的数据，这个密度是：

0.000 000 000 000 000 000 000 000 000 000 000 000 000 000 000 000 000 000 000 000 000 000 000 000 000 000 000 000 000 000 000 000 000 000 000 000 000 000 000 001 36

哪怕这个数字发生极微小的偏差，事实也会永远被改变：小数点后减少一个0，宇宙的密度就会高到致使星系坍缩的地步；将尾数6换作7，引力就会被暗能量推开，其速度之快致使星系根本无法形成。3×10^{23}个已知恒星和1 000亿个已知星系只是宇宙的一小部分；因为宇宙膨胀的速度超过了光可以穿过它的速度，光达不到的地方始终不透明。但仍有一件事是天文学家很明确的：只要暗能量的数量发生丝毫的改变，这“一切”——包括爱的可能和所有衍生物——都将如同晨雾一样消失不见。

7 —

它似乎很任性，如果这不算不负责任的话。为什么要把如此重任压到暗能量的瘦弱肩膀上呢？很多哲学家和神学者声称他们找到了答案。

随后宇宙向一群信徒揭示了之前的秘密，至少这些人是这样认为的：弦如此小，即使小小的跳蚤都听不到它的振动。深度、重量、宽度都无法拨动它，但它奏出的却是最完美的交响曲，统一了所有的力。

隐藏在其他维度未被发现的弦拉开了引力和强相互作用力，引发了宇宙膨胀。它还召集了夸克和反夸克，随后是强子和反强子。当电子被俘获时，元素形成，气体云凝集，恒星和星系产生，弦引入了暗能量，揭示了引力的另一面。没人见过它们，但是数学需要它们，并且它们意义非凡。自此以后，所有的爱和欢笑，所有的歌曲和忧伤，所有的仇恨和不忿都接踵而至。

8 —

但是，这里有一个关于宇宙比例的谎言：

我们的宇宙并非独一无二。

如果暗能量存在，至少还存在 10^{500} 个其他宇宙，每一个都有隐藏在其他维度中的弦，弹奏着不同的暗能量乐曲。应该存在一个宇宙，其暗能量密度为：

0.000 000 000 000 000 000 000 000 000 000 000 000 000 000 000 000 000 000 000 000 000 000 000 000 000 000 000 000 000 000 000 000 000 000 001 36

可能存在第二个宇宙，其暗能量密度为：

0.000 000 000 000 000 000 000 000 000 000 000 000 000 000 000 000 000 000 000 000 000 000 000 000 000 000 000 001 36

可能存在第三个宇宙，其暗能量密度为：

0.111 111 111 111 111 111 111 111 111 111 111 111 111 111 111

可能存在第四个宇宙，其暗能量密度为：

56.253 748 372 625 183 636 302 639 202 2

还可能存在第五个宇宙，其暗能量密度为：

3.14

还有其他无数个可能的宇宙。每个宇宙都拥有不同的维度、乐曲、元素和力，有些人认为还有不同的数学，甚至是哲学。我们的宇宙只是诸多宇宙中的一个，它不是源自一只鸡、肢解的身体或被分开的爱之拥抱，而是源自从虚无产生的大爆炸。所以，每一个挥发的水滴，每一颗属于未来的会破碎或者治愈的心，甚至是逻辑及所有由此衍生的东西，都自欺欺人地笃信它们是独一无二的。

但这并没有完结。产生大爆炸的虚无非常不知足，它是无法熄灭的燃料。弦论者提出了这样一个说法：大爆炸产生了一个飘浮在泡泡上的宇宙。大爆炸发生了很多次，产生了很多泡泡，都是从虚无中诞生的。有人说泡泡无法碰触或者了解彼此，所有的10^{500}个泡泡和10^{500}个宇宙都处于这种状态。

暗物质揭露了一个更加黑暗的真相。如果没有小数点后面所有的零、精确的尾数和我们对它弱小肩膀的怀疑，那么我们可能永远也不会知道弦、泡泡或者宇宙，我们也不能对我们的无边想象设置界限。但是，带来对未来的渴望的宇宙维度，那些会修复和击碎所有心的不可见的振动，粒子的质量，强相互作用力的力量，以及引力失而复得的自豪，没有一个是刻意为之的。

相反，它们只是无限可能中的一种，对其他任何事物都并非必需，除了我们。

第2章

傲慢：太阳系的诞生与毁灭

1 —

整个大地的生灵都敬仰我。埃及人称呼我为拉，他们认为是我用眼泪创造了人类。希腊人认为我降生于提洛岛的阿波罗，在圣地德尔斐昭示着所有人的未来。在世界的另一边，我是托纳提乌，在特诺奇蒂特兰的庙宇里，阿兹特克人用人来祭祀我，使我有力量支撑整个宇宙。在古罗马我可以治愈万物，在苏美尔人眼中我是坐在宝座上注视着大地的公正与正义之神乌图–沙玛什。

在不同的故事中我有不同的样子：有时候，我是脖子上缠绕着一条蛇的猎鹰；有时候，我是一只蓝色的蜂鸟；有时候，我是地狱中的蜣螂、狮子和羊首神。

而在另一个故事中，我的兄弟胡作非为，于是我躲藏在山洞里，将身后的入口用巨大的岩石堵住，以免被他发现。就这样，恶魔的灵魂四处流窜，世界变成一片黑暗。众神非常担忧，决定将我引诱出来。据神道教信徒的讲述，众神在岩洞外举行了一场宴会，并把一面镜子摆在洞口。洞外响起音乐，众神大笑着开始跳舞。我忍不住从岩缝中偷窥，于是看到了镜子里的我。我是如此迷人，我甚至爱上了我自己。于是我走出岩洞，将光明重新带回世界。这就是天照大神的故事。

以上都是别人赋予我的故事，而下面是我自己的版本。

我是宇宙的中心，行星在我身边起舞。过于靠近我，就会被我的火焰点燃；而远离我的话，你就只能忍受寒冷。但即使在寒冷的远方，也没有什么能摆脱我，一切尽在我的掌控之中。

行星围绕着我逆时针旋转，它们渴望着我的温暖，附和着我的每一次律动，而我只为自己燃烧。

一切都以我为中心。

没有任何事物不想亲近我。

世界的光明亦来自我。

2 —

如果太阳能说话，那它很有可能会说出上面那番话。但事实上，太阳和它的一众信徒一样，对自己的身世一无所知。

下面才是事实：

太阳是一颗中年的G型主序星，它诞生于大约46亿年前，还有50亿年的寿命。

3 —

自欺欺人如同毒药。

最开始太阳只是一团巨大的、懒洋洋的由气体和尘埃组成的云。在宇宙诞生的90亿年后，它出现了。来自附近超新星的冲击波也随即到来，于是那团云开始坍塌，并在引力的作用下开始旋转。随着旋转，它的温度逐渐升高，核心密度也不断增大。同样是因为引力，物质不断地向增长的核坠落，形成了一个闪耀的球，这个球捕捉了所有辐射，像将食物拽进自己的窝一样。在5 000万年（宇宙的一瞬间）之后，随着物质的不断浓缩，球的核心已经达到了1 000万摄氏度。像被钳子压在一起一样，氢原子开始聚变为氦，随即发生了巨大的爆炸。太阳诞生了。

所以，这一切都是引力和它的搭档——角动量作用的结果。当爆炸的涟漪扫过宇宙时，太阳星云中的行星就形成了。最初这些行星拒绝飞来的尘埃，顽强地将绕着太阳旋转的这些喷射物吹走。慢慢地，它们开始融入星云，形成了更庞大的身躯，像喝醉的哨兵一样绕着太阳旋转。初期那里存在上百个甚至上千个行星，最后只剩下8个，小行星带分布在它们中间。最初的原料并不令人吃惊：就像不起眼的大麦、啤酒花、酵母和水可以做成啤酒一样，气体、尘埃、引力和角动量形成了太阳系。众行星绕着太阳旋转，但太阳不是设计出来的，它只是一个结果。

4 —

自大导致盲目，但以下这点不能否认：太阳是太阳系的中心。即使在海王星之外，越过柯伊伯带的最远边缘，即75亿千米或者50个天文单位的距离之外，太阳的引力仍然存在。也许我们不应该感到惊讶：太阳的质量几乎占据了太阳系总质量的99%，里面可以塞入100万个地球。但这还不是极限，一光年大概是上述距离的1 000多倍，而两光年之外的物体仍然不能摆脱太阳的引力。

是的，整个太阳系都围绕着那个中心旋转，在偏心椭圆轨道上运行的哈雷彗星亦如此。不管是在水星和金星之间，还是从冥王星附近划过，它就像其他行星一样，不能逃脱太阳的控制。

这些事实让我们产生了关于太阳的幻想：哈雷彗星像其他行星一样，终究只是太阳系的笼中之鸟。太阳的骄傲建立在一个不幸的误解之上：行星围绕着太阳并不是出于“爱”之类的情感，而只是因为它们别无选择地被太阳束缚着。

5 —

如果太阳能说话，它大概会乱讲一通。

事实上，外围的行星并非因为距离太阳远而温度低；恰恰相反，是因为它们温度低，所以距离太阳远。当旋转的大球爆炸时，冷凝点较低的轻气体传播得更远，冷凝点较高的重物质则留在太阳附近。这就是为什么水星、金星、地球和火星是由岩石构成的，并且体形较小：太阳星云中的金属物质不足以形成内行星。这也是为什么两个距离最近的类木行星都是由气体构成的，距离最远的两个则处于冰冻状态——只有超过雪线，易挥发的冰才能保持稳定。木星和土星变大，捕捉更多的大气，而天王星和海王星则处于冰冻状态。

不，行星围绕着太阳并不是出于爱，而是出于责任：土星的62颗卫星，木星的69颗卫星，海王星的14颗卫星，天王星的27颗卫星，这些都是环境作用的结果。这些卫星的卫星，和后来的所有卫星，只要在柯伊伯带之内，就都是出于相同的原因。由引力和角动量锻造而生的太阳系只承认力的作用。

6 —

尽管它自己不会这样说，但太阳确实无特别之处。它只是数亿恒星中的一颗已过中年的恒星，在银河系的遥远外臂上消磨着时间。虽然它能够控制远在两光年之外的东西，但它自己却距离星系中心26 000光年。

太阳一直以来都如此明亮，但是不要被它欺骗了。在过去的每一秒或你的每一次珍贵的呼吸之间，太阳的核心都有620吨氢原子聚变为氦原子。你可以认为它在燃烧自己，但其实它是在吞噬自己。太阳系的光芒都源于自噬。

50亿年之后，氢将燃尽。希腊人、罗马人、阿兹特克人和日本人又能如何？人祭、地狱的传说、蜣螂、蓝色的蜂鸟又能怎样？无论如何，太阳终将死去。由于引力的作用，太阳的核心会坍缩。随后，太阳的外层会膨胀到260倍并脱离内核，变为一颗红巨星。随着水星和金星被蒸发，地球上的生命将彻底消失，核心的温度将升高，氦原子将瞬间熔化。太阳的外层将会飞回太空，将组成它的所有元素归还给另外一个宇宙，一颗比地球还小的白矮星将留存下来，成为地球的另一个躯壳和影子。

是的，太阳如同全盛期绽放的花朵。但可惜的是，它已经被剪下，终将枯萎。

7 —

太阳为自己陶醉，
但是如同它的追随者，
太阳并不了解自己。
我们知道所有的真相，
因为我们是科学家。
我们带给世界光明。

第3章

母性：地球与月亮

1 —

最初你距离我那么近，只有22 400千米。那是怎样的日子呀！但是这种状态只保持了4个小时。

我承认，当你第一次到来时，我被深深地震撼了。我的身体曾有一个巨大的伤口，流淌出血红的岩浆，每一次战栗都是一次海啸。实话告诉你，我甚至都不确定我可以做到。你带给我的震撼几乎毁灭了我。

人们认为我劫持了你，或是想把你赶走，但他们错了。你的诞生不是简单的绑架或者驱逐，而是一种痛苦的撕裂。

2 —

如果你不相信我，那么请想想看：如果我在你的运行轨道上劫持你，那么我将需要用一团巨大的大气减慢你的速度。但是，我没有那么大的可以套住你的大气，什么都没有。于是，你以另一种方式到来，你的到来永远地改变了我的命运。

再考虑一下，如果我想赶走你，我就必须飞速地旋转，以至于只有白天而没有黑夜，但这种情况从未出现。对我而言，白天曾经很短，但是无论多短，黑夜总会继白天之后出现。

不过，确实有一块巨大的岩石，加速了你的到来。它咆哮着，如同恶霸一样从某个方向狠狠地冲撞我的身体，我完全惊呆了。它撕开了我的身体，我疼痛难忍。虽然如此，我竟然高兴极了。尽管要忍受巨大的疼痛和从身体里流出血红的岩浆，我还是觉得开心。因为突然之间，你就在那里了：你是我的一部分，却又不是我；你来自我，却又不仅是我。我随即明白，即使我处在最黑暗的时刻，你也会带给我光明。

3 —

我对你以诚相待。

我是由宇宙当中的矿物颗粒因引力作用而聚集在一起形成的。詹姆斯·乌雪主教明确了我诞生的时间：公元前4004年10月23日星期日来临前的那个午夜。多么愚蠢的人！两个世纪之后，就好像那个虚构的我绕着最初的太阳跑的故事还不够愚蠢似的，开尔文男爵又说我存在了大概2 000万到4亿年。由于新西兰人卢瑟福及其关于放射性的发现，真正拥有智慧的人终于慢慢发现了我的古老渊源。1953年，在沙漠火山口发现的一块包含铅同位素的陨石终于泄露了我的秘密：我已经超过45亿岁了。

诞生之初，我酷热无比。很快我就完全熔化了。没有水，没有大陆，只是一片熔化的火海。那时我的温度有2 000摄氏度，重元素铁迅速地陷入我的内核。而在我的周围，温度只有零下270摄氏度。所以，一层薄薄的壳很快就形成了，掩盖了我内心的地狱。

慢慢地，一切都平静了，最大可能地平静了。但当我开始趋向平衡的时候，像火星一般大的忒伊亚撞向了我，突如其来地造成了那伟大的撕裂。

一开始我以为我完了。但是引力和它的老伙计角动量再一次拯救了我。忒伊亚消失不见，而你和我存活下来。

当我第一眼看到你围绕着我的时候，我感到自己获得了新生，尽管我也刚出生不久。你发出微弱的光，萦绕着我，填满了整个苍穹。海王星和金星从未有过像你这样的可以凝望的礼物，火星那两颗干瘪的梅子干形状的卫星也不能与你媲美。我是唯一拥有卫星的类地行星，而这颗卫星也是太阳周围较大的一颗。

4 —

许多年过去了。久置的铁形成了我的内核，核的外层是地幔，地幔的上面是地壳。但我仍然是一个狂躁的星球，得不到氧气，只能活在毒气之下。我的伤口是如何愈合的，这一直是个未解之谜。1998年一颗流星陨落，在显微镜下我们看到了小小的结晶盐，在晶体内部甚至看到了些许液体。如忒伊亚一般，这个拯救者也是一位天外来客。这块石头的年龄超过45亿年，一切的秘密由此揭开。令人难以置信的真相是，很久之前，水也许是从另一个世界来的。

我那时仍然在疯狂地旋转，白天只有10个小时。在流星的撞击下，火山爆发，水蒸气形成，一滴一滴像泪水一样聚集在一起，慢慢地形成了大海。是的，我的水最初是浑黄和浑浊的，可怜地荡漾在深橘色的天空下；太阳是一个昏暗的砖红色圆球，隔着我的毒气外衣眯眼看着我。但此时另外一件稀奇的事情发生了：当海水增多并拍打着早先存在的大陆时，它们也慢慢地找到了自己的韵律，随即我明白了，那个韵律来自你。你距离我那么近，掌握着我的潮起潮落。每天你经过我的赤道两次，当时你我的距离只有现在的一半，海洋起伏着想向你问好。当你升起远离的时候，海水退却了，就像蜘蛛躲回自己的网，对于你的来来去去它是如此敏感多情，甚至要躲起来。

记住，当忒伊亚毫无预兆地撞到我身上时，它把我的轴也撞歪了。一下子，我的一极更靠近太阳，而另一极则更远离太阳。凑巧的是，正如你出生时一样，我也拥有了各种情绪：夏天无精打采，冬天黑暗笼罩，春天无忧无虑，秋天陷入沉思。

我有时候会奇怪：这一切都是巧合吗？

5 —

像我一样，你也在不停地旋转。但很快地，你就受制于潮汐的韵律，我们在或亲近或远离的变化中相互依靠。你永远展现给我明亮的一面，而黑暗的一面则被掩藏。

你学会了和我做有趣的游戏。当我走到你和太阳中间时，你消失不见；而当你走到我和太阳中间时，你又把太阳遮住了。我当然知道你的把戏不是真的：太阳的直径比你的直径大400多倍，但太阳和我的距离也有你我距离的400倍远。这就是为什么你看起来很神气，或许这也是你为什么更靠近黄道而不是我的轨道，因为你想保住自己的赌注，保持对主人的忠诚。在我内心最深处——且把物理学扔在一边——你是那么宏大，因为你属于我，只属于我。

6 —

我无法让时间停下来。

因为你现在正开始以手指甲增长的速度缓慢地远离那想向你问好的澎湃的潮汐。看起来你心意已决，想要逐渐获得独立。伴随着你的远离，我逐年感到我正在失去平衡，我内部的轴不知不觉地趋于混沌，我的旋转也慢了下来。

我这样安慰自己，正如游吟诗人所写：

> 月亮犯了一个巨大的错误；
> 她离地球太近了，超出了她的预期，
> 这让人们为之疯狂。

所以，也许你是出于人道的原因才远离我，而不是一时的孩子气。当然，这也许只是因为你有我不知道的黑暗面。

我没有足够的阅历去了解，也不再有年少时的勇气去探索。

第4章

不朽：地球上最初的生命

1 —

核酶是本来的主角，
默默无闻，在一切出现之前。
远古人类总是忽略它们，
但是它的到来和现世的奇迹紧密相关。

让我们回到古老的原初，
和伴随而来的古老的意外。
当生命初现之时，
这一切都是有预谋的，
套上了一些奇怪的伪装。

一切就是这样发生的，
起码有人这样认为。
尽管它们很重要，
遥远的起源抹去了那番过往。

于是，它们继续伪装。

2 —

生命源于海洋。

当无情的小行星暴雨般坠落，所有海洋都被蒸发之后，当蒸汽凝结又乘着原始的季风回到地球之后，当可憎的冥古宙紫外线将整个大地文火慢炖之后，生命诞生了。怪不得那持续7亿年的狂轰滥炸时期被以地狱之名命名。慢慢地，外部的影响变得略显温和，这是不属于任何一方的仁慈之举。就在那沉闷的暗蓝色的波动之下，万物起源的故事开始了。

地球正在释放气体。在水的深处，烟从地幔上排出，燃烧的地壳向深夜中吐着烟雾。硫的味道四处弥漫，氧气不见踪迹。高温灼人，压力巨大，没有生物希望那时的地球成为自己的家园。这一切与达尔文想象的浅而平静的池塘相去甚远。

这就是40亿年前发生的一切，黄色的阿尔文号深潜器有一天会发现它们的真相。在这海绵状由海底热液组成的灼热的森林里，生命所需的各种成分已具备。尽管这里看起来不太美妙，但和上面的水深火热的环境相比，这里已经是很好的避难所了。当富含矿物质的火热液体上升并从裂缝中喷出时，元素开始实施它们的简单阴谋。一切都很平淡，毫无波澜：一氧化碳被分解为碳，硫化氢被分解为硫。没有神圣的火花，也没有来自天堂的哭泣。水滴滴落，被不可察觉地套住，生命的分子开始组装。最初生命不是一个自由活动的细胞，而是那片迷宫般的微型矿物森林；它也不是来自雷电，而是来自多孔的岩石。慢慢地，随着梯度的转化，混合物中的铁转变为黄铁矿，或者叫作愚人金。随后，如同一个不可期的微笑，生命的能量诞生了。

以上就是故事的全部。

3 —

生命诞生于云，而非海。

在地核、地幔和地壳出现之前，在海洋出现之前，在月球的潮汐羁绊之前，在海底森林出现之前，一团隐隐的云就萦绕在地球周围。那团云是由包含着微小液滴的水蒸气聚集而成的，一颗颗液滴好似原细胞的样子。

随后小行星如雨一般倾泻到幼小的地球上。看起来如同诅咒，但事实上是祝福。那些让地球伤痕累累、形成无数环形山的炮弹也飞向空中，无生命的元素渐渐积累：铁元素，二氧化碳，液态水，以及最重要的、化学反应的强大驱动元素——氢。这些元素像子弹一般毫不客气地伴着小行星撞击地球，从能量的源头——太阳的射线中飞过，于是生命在半空中开始形成。它上升着卷入了云层，在液滴中找到了神圣的归宿。在这个新的家园中，万分惊讶的分子苏醒了，对这种不可逆的跨界过程感到难以置信。

很快，小行星结束了撞击。地球开始冷却，海平面上升，大雨从空中落下，为地球带来了生命。

4 —

生命源自火星。对，就在最后那颗类地行星上。“好奇号”火星探测器可以回答你的疑问。

和地球的经历类似，火星也遭遇了小行星撞击，但是二者有一个关键的区别。和它的表亲地球相比，火星可谓很小了，半径是地球的一半，质量仅是地球的1/10。当小行星的炮弹雨来临时，火星上万物飞溅，而那里没有足够的引力将它们拽回地面。火星上原本存在的生命就这样轻易地获得了逃脱那里的机会。这些外来生命搭乘着小行星，毫无阻挡地来到地球，并完整地被地球接纳。

火星的环境无疑更适合生命的存活。地球那时全部被水覆盖，而火星上只有少许湖泊和零星的小型海洋，在这种情况下，最初的生物就无须经历狂风的洗礼，也不会被破坏。在火星上，活跃的火山口下冒着泡的细流渗入冲积扇，轻抚着原始的元素，缓慢地为它们注入生命的气息，将它们结合在一起。从一个火山口到另一个火山口，温度适宜，通过缓慢的氧化和蒸馏，水和岩石共同谋划着，就像它们早已知晓一切。紧接着，一场及时的石头雨降临了，放飞了生命的希望，一去不回头。

40亿年前地球还未成熟到可以孕育生命，是火星赐予了地球生命。

5 —

不管是来自海底、云端，还是遥远的红色小行星，生命都需要解决一个最大的难题。地球水深火热，巨浪滔天，即使火星产生了生命，按照科学家的说法，意义也不大，生命面临的最艰巨的挑战仍在那里。

为了摆脱困境，生命必须开始远征：不同于岩石，生命要学会自我复制，而且不只是简单的复制，它还需要迎接熵的挑战。不同于阳光下的露珠，生命需要自己生产能量。生命只有掌握两个技能——繁殖和新陈代谢，才能真正跨过那道门槛。

任务是明确的，但仍然有一个难以逾越的鸿沟摆在眼前。如果没有复制过程，新陈代谢将毫无用处。而如果没有新陈代谢，复制过程则失去指引。据科学家所说，这是“先有鸡还是先有蛋”这个问题的更原始的版本。缺少任何一方，生命都无从开始，但总有一方得先行。

最原始的英雄并不是赫拉克勒斯、阿喀琉斯或者阿克特翁，核酶才是超越其他所有事物的英雄。它将自己的核酸连接到互补的核酸链上，不需要任何帮助就能完成复制。作为产物、制造者和如万事通一般的英雄，它已经做好成为进化创始者的准备了。

就这样，40亿年前，核酶摆脱了当时的困境，无论是在海底、在云中，还是在火星的某个火山口下的细流中。它非凡的权利显然近乎罪恶：它只需像蛇一样盘绕起来，就能亲吻自己的另一端，创造出一个一模一样的自己。

生物学也加入了化学和物理学的队伍。

终于，远征开始了。

6 —

但是很快，另一个情况又出现了：精确的复制不是天赐之物，反而是需要被削弱的超级权利。毕竟，如果没有任何变化产生，进化又从何而来？一成不变的生物根本无法适应永恒变化的环境。如果复制出现分毫误差，核酶将创造出一个静止的世界。如果这样的过程是随机发生的，生命就会退化。

古老的卫士——化学和物理学仿佛找到了灵感，并抬起了头。它们决定让核酶像紧张的打字员一样，偶尔出一下错，而不要像专业绘图员一样分毫不差地自我复制。与一切完美与准确相反，事实证明偶尔的粗心大意是必要的，这成为此后生命必须遵守的规则。

所以，最初为原始复制准备的公式在实际应用中变成了各种模仿体的混合——一个非正统的版本，但这个版本幸存了下来。井然有序的队伍不再存在，一切都被突变率控制，变成了一次随机的嬉戏。多亏了那些古老的卫士，后面的一切才得以展开，但又不可预测。这条道路要求行人聪明绝顶，方能通过。

进化胜利了，但其中也不乏牺牲者：核酶被复制体直接扔给了下一个需要复制的链。它无法看到队列的前端，无法设计它和生命的走向。它不是一个英雄，而只是一个小卒。偶尔，它也会被粗鲁地对待。

7 —

亚当和夏娃偷吃了善恶树上的果实，为了防止他们偷吃生命树的果实，他们被永久地驱逐出伊甸园。核酶的经历刚好相反，因为它偷吃了生命树的果实，它的子孙后代需要放弃善恶树。这是多年前达成的协议：若要有所成就，生命就要盲目前进。

后世会发现这是为不朽而出具的秘方。利用这样劣质甚至糟糕的复制体，生命反而越发适应环境。随着更坚定的传承者的到来，核酶就像无用的外衣一样被丢弃。但是，规则已经确定了：当DNA（脱氧核糖核酸）取代它的时候，DNA也继承了这种盲目性。所以在永恒的变化中，地球上的生命要依靠突变和不变的引力法则周而复始地循环。在它不走运的开创者的基础上，在自然选择的帮助下，从简单开始进化出无尽的美。

在这个无情但意义深远的转折过程中，对未来的无知变成了未来的价值。对于这点，智者说这是世界全部意义的结束。

而更有智慧的人则说，这仅仅是一个开始。

第5章

爱：生命之网

1 —

让我们思考一下佛罗伦萨的乔万尼·薄伽丘写作的《爱情十三问》。

两个小伙在争论一个年轻姑娘喜欢的到底是他们中的哪一个。他们问那个姑娘的母亲，也许她会知道答案。没多久，姑娘走向这两个紧张的小伙。她把自己头上的叶子花环摘下来，毫不犹豫地戴在了其中一个小伙头上。随后，她面无表情地拿走了另一个小伙头上的花环并戴在她自己头上，转身离开。

决定已经做出，可是这个姑娘到底喜欢哪一个人呢？其中一个人说“她喜欢的肯定是我”，另一个也不容置疑地宣称“她喜欢的是我”。

薄伽丘说，没错，姑娘拿走了第二个人的花环，因为那个花环令她愉悦。但事实上，给予就是获得，也是友好和爱慕开始的确定性信号。也许这个姑娘同时喜欢这两个小伙子，她向其中一个表达爱意的同时又不想失去另一个的爱慕。就像迦太基的女王狄多将自己燃尽一样，付出和给予是爱的确切征兆。为什么她付出了自己的心却不要求任何回报呢？因为她知道答案，但没有勇气去问清楚。

2 —

爱的征兆是给予，而不是被取悦，
正如薄伽丘给出的结论。
但不要忘记，那时只是14世纪。
没有一个人知晓，包括薄伽丘在内，
有关进化的内容。

这里我们讲述了关于爱如何回归的真实故事，
以及它是如何交换的。
在它到来的时候，
它是无声但生气勃勃的。
但当它前进的时候，
则慢慢褪色。

事实上，很多时候，

看起来显而易见的事情却是一种假象，

很多我们认为清晰之事则躲在迷雾之后。

因为爱，最终，

并没有预示什么。

但在心痛之前，

它得以幸存。

3 —

在藤壶、袋狸、孔雀和晚期浪漫主义之前到来的是多元化时代。游荡在地球上的RNA（核糖核酸）病毒与DNA病毒相撞，RNA-DNA的结合体与核酶-蛋白质结合体相撞，脂质原始细胞与蛋白质和DNA的结合体相撞。希腊人曾经谈到一只来自利西亚并在古印度河岸游荡的喷火怪兽，它的尾巴是一条蛇，长着两个头，一个是咩咩叫的山羊头，另一个是咆哮的狮子头。虽然听起来很荒诞，但化学嵌合体是充满无限可能性和想象力的。毕竟，生命还未决定它们最终的样子。

在DNA成为遗传的唯一保卫者之前，地球是一个神奇的藏宝阁，里面充满了各种生命体和非生命体在纳米级别上的结合物。

世上再没有这样的时候，爱是如此纯粹。

4 —

事实上，关于薄伽丘的那个故事的判断是一场闹剧。

当生命开始之时，爱并不是为了幸福而存在，而是一种求生策略。这种策略不是一种选择，而是一种必需，同时富有远见。如今我们认为互相分享感受的是爱人，但那时互相交换遗传物质的才是爱人。当生命以各种形式游荡在多元化时代时，没有遭到拒绝的爱人，而只有未曾谋面的爱人。

这些爱人无差别、平静地交换着物品，用DNA花环换来RNA衣袖，用核酶手套换来脂质拖鞋，这是一个无须思考的以物易物的经济市场。这也是一个横向发展而非纵向发展的世界，适合横行的螃蟹，而不适合向上攀爬的紫藤。

心未见，爱已生。

5 —

过了一段日子，多元化时代沉寂了。得益于很高的突变率，那位打开进化大门的反英雄核酶光荣地退休了。与此同时，DNA做好了击败它的所有竞争对手的准备，它坚固的糖-磷酸盐骨架增强了遗传稳定性，双螺旋结构向命运眨着眼睛。细胞被包裹在永远很挑剔的细胞膜中。秩序从混沌中产生。

不久之后，脂质原始细胞消失了，随即DNA–RNA–核糖–蛋白质混合物也没有了踪迹。在化学反应的基础上，宛如拉链的DNA掌握了遗传的统治权，同时在物理规律的作用下，复制过程变得更加精确。很快，新兴的生物学势力渐大，拒绝回到古老卫士的统治下。DNA大权在握，它将工作进行了划分：核酶的作用被降至最小，脂质转变为储藏室，蛋白质从事专业生产。慢慢地，统计规律代替了随机事件。最后，孩子们开始与母体有了相似之处。

世界秩序发生了改变，但有一件事始终不变：在出现各种复杂的感情之前，爱始终一视同仁，因为那时还没有情绪。在多元化时代，运气高于一切。你通过一次偶然的交换幸存下来，失败者则永远消失，那时世界就是这样。

最初的爱是不挑剔的，那是最原始的浪漫精神。因此，佛罗伦萨人导致了爱的真谛的倒退。真爱是随意的。

些许时日之后，带有选择性的爱才会出现。

6 —

博爱未能持久，大分裂的时代即将到来。进化止步不前，开始将生命形式按血统分类。混乱过后，系谱学出现了。

第一次分裂是创建一种分类，将细菌归为一类，将古核生物归为另一类。在自然界的历史上，这种分裂都是前无古人后无来者的。随后，它彻底改变了爱。

在这次分裂之后，血统的分类进展缓慢，也许是因为生物的细胞膜和细胞壁变得更不透明。在这个挑战的驱动下，它们建造了一种可伸缩的通道。科学家后来将其称为菌毛。他们发现细菌和古核生物会在对方的身上钻孔，将它们的DNA缠绕起来，像环形礼物一样送给对方。在细菌或古核生物中，或者它们之间，环状DNA沿着菌毛滚落下来成为对方的一部分。

但是，这里也有一个障碍：这远非一种无差别的交换。科学家深入研究后发现，这种交换附加着无耻的条件。在环形礼物中暗藏着构造菌毛的指令，只有接受这个令，细菌和古核生物才能找到它们的伴侣。当它们找到伴侣后，它们必须传递给予者的DNA互补链。基因计划如下：我可以让你成为给予者，但你必须永远留在我的系谱当中。当爱堕落之后，这个世界变得锱铢必较。因为给予和允许给予——与佛罗伦萨人的观点正好相反——都是出于自私的爱。

7 —

当盲目的爱变成互惠的慈善事业之后，成熟的真核细胞就出现了，整整比细菌和古核生物晚了数十亿年。事实上，从一开始，生命的第三个领域只能侧身与其他两个同行，跨过已存的分界线，因为它尚未获得独自前行的勇气。但是，在第二次多元化时代来临之前，在藤壶、袋狸、孔雀和晚期浪漫主义等到来之前，真核细胞脱离了原本的系谱，抛却了原本的疑虑，将DNA藏入核中，而不再像它的祖先那样呈现出任意开放的样子。最终，当躯体诞生时，这种变化引发了性别之战，我们的祖先变得互不信任。我们也一样，当某天来临时，会选择性地给予我们的心。

8 —

爱的故事就此落幕。

很多年前，当生命无法决定自己的走向时，它便开始即兴创作。这种即兴创作带来了意外惊喜，那就是纯净之爱的存续。当嵌合体时代为DNA时代让路，混沌被系谱取代时，生命的两大领域开始繁衍生息。但与此同时，盲目之爱也被有条件的互惠取代，这种互惠是一种视情况而定、被削弱的简单的原始形式。

后来，当我们的祖先到来时，另一个丑行密谋着将爱与它纯洁的起点隔离开。随着多元化时代的第二个阶段来临，生命的第三个重要领域——真核细胞诞生了。这时的DNA突然藏入核中。当生命开始向上攀爬而不是横向发展时，当生命建立了躯体和意识时，一场由怀疑引发的拉锯战开始了。恐惧、欲望、嫉妒、羞耻、虚荣和奉献开始一同进化。

在即将到来的昏暗日子中，男人和女人被这场战役迷惑，他们虚构出戏剧，并误以为他们找到了爱的真谛，如同那个佛罗伦萨人一样。如果在进化上多花一点儿时间，他们就会发现爱在成为一种情感之前，是有其原始纯洁性的。人类的复杂性掩盖了一个简单的真理：所有重要的事物都要永远依赖于混沌和无差异化。

尽管我们怀有美好的意图，但是因为我们的内心所向，生命的进化实际上是爱的退化。

第6章

自由：共生的界限

1 —

它及时地出现了。没有人预见到它的到来，或者它会带来什么。

海底黑烟柱——海底热泉在古老海洋的深处涌动，那是属于它们的时代。太阳辐射无法穿透被海水淹没的风景，氧气也无法到达那里，只有硫的味道，以及带来死亡感觉的压力。

2 —

某一天，在深海之上的幸福浅滩中，一种蓝色细菌与一种绿色素在海平面相遇。至于这件事为什么发生，没人知道。突然间，蓝细菌和叶绿素欢快地跳起舞来，它们如此合拍，致使叶绿素变为楔形，如同山脊一样插入微生物表面。

遥远的太阳倾泻而下的光被嵌在蓝细菌中的叶绿素吸收，并引发如下过程：附近的气态水被分解和激发，仿佛要上演一幕等待已久的救赎。这就如同摩西将红海海水分开一样，只不过这次的意义更加重大，因为这是一场普世救赎，不只是关乎某一群人的自由。二氧化碳的碳原子分开到一边，氧原子则分开到另一边。

1893年，查尔斯·里德·巴恩斯将该过程命名为光合作用。舞动着的叶绿素和蓝细菌在太阳神拉和阿波罗的光线中享受着日光浴，津津有味地咀嚼着糖类碳水化合物，向空中吐着微小的氧气泡，缓慢地填满有毒的周遭环境。没有计划，甚至没有一丝声响，一个接一个的氧气泡逐渐改变了地球。

3 —

正是在这个时候，世界秩序形成了：总不能将某个人的脑袋藏在海底热泉中吧？于是，战战兢兢的海底开始寻找机会。没有任何目的或计划，一种神秘的厌氧生物慢慢地从深海压力中升起。一些人认为它是产甲烷菌，但有些人的说法比无知还要糟糕。在后者看来，这个秘密永远不会被揭开。

如果真的是产甲烷菌，无论是球形的还是杆状的，它们必定惊讶于上方这片全新的可呼吸区域：矿物欢快地呼吸形成了铁矿石，五彩斑斓的大理石开始为缓慢升起的大陆着色。氧气原本是产甲烷菌的宿敌，但如果产甲烷菌能学会如何和氧气做朋友，氧气就可能变为它们的天赐之物。

在机会和它更严格的“竞选伙伴”——自然选择的帮助下，产甲烷菌现在摆脱了细胞壁，开始生长，但还保留着一层先前的薄膜。它被危险的窘境吓到，为了变得更强壮而拼命进食。于是，一小片东西在其内部折叠和分离。它将DNA裹入腹中。我们知道我们是什么，但是很少有人知道我们可能会成为什么。产甲烷菌从古老的原核细胞正在变为真核细胞。

如果进化确实是按照某些未知的宏大计划实行，那么无辜的产甲烷菌对此显然一无所知。没有了细胞壁，只剩下细胞核来保卫它的遗传物质，产甲烷菌丝毫没有意识到将会发生什么。如果它能想象到眼前的这些所带来的后果，它会退却吗？会逃走吗？这个想法本身就是在戏弄我们，因为如果我们给出了肯定的回答，我们就不会坐在这里问这类问题了。

4 —

仔细听好，因为这就是将要发生的事情。

产甲烷菌在逐渐生成的大陆浅滩上无精打采地游荡着。远处一个石灰华柱不祥地升到水面之上，一切都是那么安静，甚至静谧。但是，这种平静掩盖了致命的融合，因为氧气越积越多，产甲烷菌已无法呼吸。

这就像鱼儿离开了水，只不过情况恰好相反，产甲烷菌快要在氧气中窒息了。自海底热泉喷涌而出，产甲烷菌经历了这么多，就要成功了。然而，细胞壁的脱落、细胞核的诞生，所有的一切可能终将落空。粗野的未经教化的“机会”也会自欺欺人，认为它已经获得了成功。

但在那一天，机会降临到了产甲烷菌上，因为来自α–变形菌的两兄弟毫无征兆地出现了。产甲烷菌也许已经知道，要么上去抓住机会，要么从此消失。捕猎还是窒息而死，成败在此一举。于是，产甲烷菌凭借最后一丝力气，流光了最后一滴甲烷，筋疲力尽地奔向自己的选择。

这是一种对异教世界的祈祷，一次绝望的行为。但是，产甲烷菌击败了毫无戒备的那对兄弟，它将一种α–变形菌拖拽到细胞膜之外，并将之吞噬。

α–变形菌陷入了困境，但是产甲烷菌获得了自由。因为氧气虽然是产甲烷菌的宿敌，却是α–变形菌的同盟，为其提供养分。所以，产甲烷菌并没有直接消化掉α–变形菌，而是成为它的监工。产甲烷菌气喘吁吁地吞下了这样一个铁肺。

对于α–变形菌来讲，与兄弟被迫分离确实是它为坏运气付出的高昂代价，但是意外总是富有启发性的。随着时间流逝，被囚禁的α–变形菌的优势逐渐凸显：它失去了自主权，却获得了保护。产甲烷菌和α–变形菌曾经是捕猎者和被捕猎者，现在变为互相的依靠。生命终于从海洋深处真正地诞生了。

5 —

时光流逝，被吞噬的α–变形菌最终演化为线粒体，平均每米线粒体膜带有3 000万伏电压，相当于一道闪电。由于线粒体对氧气的有效利用，它成为这个生机勃勃的世界的强大力量；它们一边呼吸，一边提供能量，并在产甲烷菌内部不断繁殖。正因如此，对它充满感激的单细胞宿主才能够成为未来所有动物生存的必要条件。产甲烷菌会成为一个海葵、一条鱼、一只蜥蜴、一个哺乳动物，某一天会成为一个男孩，看着一个女孩轻轻地穿过山谷。

男孩藏在树后，心跳加速，不免暗自感伤。这时他看见了草地上的一枝玫瑰，然后笑逐颜开。想象着这枝玫瑰的神奇作用，男孩的忧伤消失了。他摘下玫瑰，鼓足勇气，向那个女孩走去。

9个月后，这对爱人躺在草地上，在清早温柔的阳光下相拥着，一只虱子爬到了他们的婴孩的腿上，机会的阴谋再一次上演。那天晚上，这对爱人发现他们的孩子不断哭泣，午夜的时候他们已经接近崩溃，因为孩子在发烧、颤抖，浑身是汗。他们并不知道，在他们被叮咬的孩子死去的那个宛如被诅咒的清晨，他们只不过是众多受害者中的一个。在拿破仑的军队中，死于斑疹伤寒的人比被俄国军队杀死的还多。300万爱尔兰人在大饥荒中基于同样的原因死去，其中包括总理的儿子和一个叫作安妮·弗兰克的充满梦想的女孩，后者还有几个星期即可获得自由，却在集中营中死于斑疹伤寒。

这是那对忍不住哭泣、抚摸着死去孩子的爱人无法知晓的事。但是他们不曾注意一个令人震惊的事实，它将会被未来的科学家揭晓，那就是叮咬他们的爱子的虱子体内的寄生虫并不陌生，甚至算是我们的亲戚，即当年获得自由的α–变形菌的后代。当年产甲烷菌捕食时，机会将两兄弟分开了，一个变成了生命的给予者，而另一个则成为杀手。那个被捕捉的α–变形菌以为它是受害者，但它搞错了。现在，当年逃脱了的那个兄弟卷土重来展开了复仇活动。

6 —

机会很粗鲁，但是它的教训可能更轻柔：自由的光芒是欺骗；囚禁的耻辱却是解放。正因如此，我们总是在可能性之间得以生存。

也因此，我们仍会继续颤抖。

第7章

死亡：与性的繁衍为敌

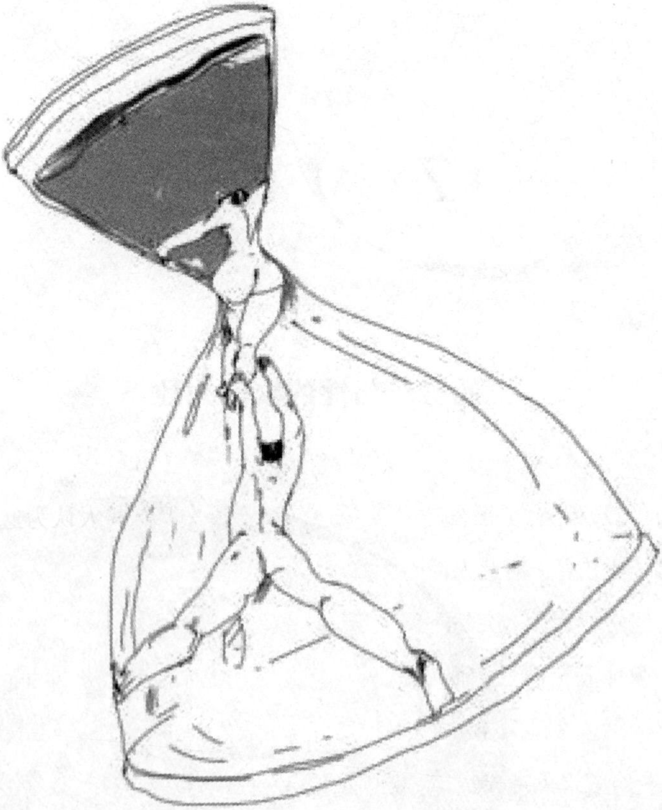

1 —

我们已经有了黑夜与白天、冬季与夏季，但有些人认为这种安排是好坏并存，对此人们也颇有争议。

但是，为什么突然之间出现了两性？

为什么是两性，而不是四性，甚至100万个性别呢？因为要是那样的话，在地球上找到伴侣的希望就将十分渺茫。为什么要放弃遗传的绝对控制权呢？如果生命不需要任何其他帮助即能繁衍，就不会有父亲了，女儿会和母亲十分相像。这种情况可能说不出有什么缺点，但“机会”带来的惊喜也会更少。

2 —

衣原体在水中不经意地游荡着。在性别产生之前有什么可担忧的呢？既然没有求爱或塑造良好形象的需求，那么世界上还有什么值得担心？

它身上的两根鞭毛轻柔地拍打着水波，眯着变化多端的眼点看向阳光。它看不到太多，但这并不重要。像那喀索斯一样，它不需要其他任何东西，只靠自己。

当时机到来时，它发生分裂。本来的一片藻变为两片，就像雨滴落下，黑暗退去而光明到来一样简单。

但眼前是一场暴风雨，一连串的灾难。每一次分裂，DNA 都被扯开，毫无阻碍地传递给下一代。很快，一个重要的东西诞生了，但它并不完美。

衣原体没有大脑，它无法知晓这一切，但这个问题仍然需要解决。这时，性的嫩芽开始萌发——瞬间的领悟。

随后，它将引领我们走向死亡。

3 —

线粒体心烦意乱，因为衣原体内的大量DNA都被破坏了，分裂几乎不可能完成；线粒体需要健康的DNA，繁衍的车轮即将停滞不前。如果再不采取措施，这个小小的能量供给体的命运可能就要终结了：作为衣原体的囚犯，线粒体也将随着这艘沉船而消失。

线粒体可能感受到了这种威胁，并极度恐慌。它的宿主衣原体是产甲烷菌的后代，最初的那次绑架是一件幸事，起码线粒体是这样认为的。现在来看，难道那是一个错误吗？还是一个无法兑现的诺言？线粒体变成了忧心忡忡的懦夫，它大哭着放出了有毒的自由基，希望在最后一秒能够摆脱这一切。

自由基冲入了衣原体的细胞核，它们像一群强盗一样对衣原体的DNA进行了报复性破坏。衣原体再也不能分裂，无法独自完成繁衍：为了活下去，这个独眼宿主必须找到和自己相似的另一个个体，并立即与之结合在一起。这样做的代价十分巨大：它对遗传的控制将会减弱，曾经风光无限的独立性也将不复存在。但是，这些都不可避免。与拥有一套染色体相比，两套染色体会增加将未受损基因传递给下一代的机会。作为这场结合的"始作俑者"，线粒体会不惜一切代价活下去，迎接更多的战斗，即使它是通过强迫自己的单身宿主去寻找伴侣的方式才逃脱这场灾难的。

古人讲的故事是真的，在现在这个世界之前还存在着另一个世界。DNA从一个王国流落到另一个王国，建造不同的系谱。但那都是些小把戏，就像体外射精一样。尽管生命在繁衍，但那个世界是无性的。

现在，一切都将发生变化。

4 —

在转变之前，衣原体打破了原本的平静。多年来，线粒体每次分裂，其数量就会在衣原体内增加为原来的三倍，最终形成一支微型军队。随着DNA的不断增长，衣原体的核内DNA和线粒体内的DNA进行了谈判，讨论如何和平共处。渐渐地，它们建立起一种平衡：线粒体军队为衣原体的增加提供能量；作为交换，在细胞核外绿油油的细胞质中，衣原体必须为线粒体提供宝贵的安营扎寨之地。

但现在出现了意外情况，因为核内DNA受损，衣原体不能再分裂了。线粒体因此撕毁了合约，并采取了流氓行径，开始释放出有毒的自由基。衣原体警觉起来，开始寻求另一种藻类的帮助。很快，它找到了可靠的对象。

这对匆忙的、尚未宣誓的爱侣在各个方面都是平等的，它们是世界上第一对新郎和新娘，但尚无性别可言。这位潜在伴侣的细胞质内也有一支被围困的线粒体军队，它们会释放出有毒的自由基，企图逃离所在的“沉船”。像衣原体一样，它也饱受内部的折磨。因此，两个水藻带着各自的核内DNA和所有线粒体结合在一起。当它们的细胞膜破裂时，它们的军队严阵以待。

此时，它们决心倾尽所有防止流血冲突，因为军队之间的野蛮战斗肯定会给新娘和新郎带来死亡威胁。多么可怕啊！恋人竟然如此迅速地成为敌人。如果有史以来的第一场婚礼演变为一场大屠杀，会怎么样？这个过程必须安静地完成。因此，两种藻类都假装欢呼，但暗中传递有毒分子，试图杀死对方阵营中的士兵。

这场战争没有最终的胜利者。衣原体消灭对方线粒体的数目只略微超过对方的战绩，它体内99%的线粒体都被击败了，而对方体内的线粒体则完败。正是剩下那1%的线粒体拯救了这段婚姻。

衣原体消灭了伴侣的线粒体而完整保留了其细胞核，因此，衣原体需要进行重组；体内的线粒体得到控制，DNA得到增强，血统也得以延续。两个核的融合标志着这场婚姻的圆满成功：双染色体意味着两倍的基因，两倍的基因又意味着生存。世界上的首次性行为其实是那个时代的保险合同，此后生命得以不受干扰地继续前行。

5 —

性开创了一个不容忽视的先例：生命最初的平等必须被抛弃。为了避免战争，一对爱侣结合时只有一个可以带着自己的全部“嫁妆”。于是，未来的新娘不断增大，来支撑不断增多的线粒体军队，而未来的新郎则不断缩小，用一条活跃的尾巴代替线粒体军队。这就是卵子和精子的由来，也是性别诞生的时刻。那一刻，生命不再平等。

后来，创造了愉悦感的器官逐步进化，世界上也出现了诗歌与时尚。但是，性别的起源毫无诗意，它只不过是一个焦虑的共生体为了抵抗命运的灾难所创造出来的一种损害管制。

6—

多年后，当单个细胞开始聚集在一起形成多细胞生物时，游戏规则再一次发生巨大的变化。因为生命不再是单独的行动，也不再像之前提到的衣原体那般，卵子和精子可以各自安静地完成繁衍。现在情况很特殊，繁衍需要依靠性，在时代的前沿出现了新的规则。

如今，线粒体将再次专注于宿主的生存，那些可能干扰繁殖的体细胞将被清除。释放自由基可以清除体内的腐物，这个共生体成为治安官，控制细胞的凋亡比例。细胞再一次被它们体内的微型居民背叛，但这一次是协作性的致命扭曲。为了获得性带来的益处，集体要求个体做出牺牲。线粒体，作为源头，拥有实现这一切的手段。

德国生物学家奥古斯特·魏斯曼提出了那个永恒的比喻：生命就像河流。河岸代表着身躯，一直位于河流的两边，虽然不能永存，但河水从过去到未来从未间断。由于线粒体的作用，多细胞世界中的性带来了双重经济：如同水果种子外包裹的果肉，躯体是一层保护壳，可以保护配子。当种子被播种之时，果肉就可以腐烂了。

线粒体迎来了一场革命，它产生的能量将生命带往天堂。很久以前，线粒体呼吸产生的能量可以使生命对严酷的季节具备更强的耐受力：带有血液温度的生命诞生了，虽然只有一夜的寿命。北部和南部地区逐渐出现了生命，地球成为生命的栖息地。在线粒体制造的一片混乱中，含有860亿个神经元的藻类大脑产生了，共生体做出了补偿。

7 —

世界上有可能只存在奖励而没有惩罚吗？大自然第一次给出了它的答案。

线粒体贯穿我们的一生，从出生到青年、成年和繁殖阶段，但现在产生能量的电子传递过程出现了故障。像所有机器一样，磨损和破坏产生了：忠诚的伙伴会无意识地释放自由基。结局不可避免地令人心痛，甚至有些匪夷所思。和我们预期的相反，衰老的耻辱不期而至。

时光流逝，我们发现自己的步伐不再矫健，眼睛不再灵敏，大脑也不再灵光。愉悦感正在从我们身上溜走，时间之矢一旦射出便再不回来。

8 —

对线粒体这个微米尺度的进化附属者来说，这是一次未曾预见的经历：它先是被一口吞下，随后它帮助自己的宿主交配，然后成为生命的维持者，之后又成为生命的终结者。它扮演了太多角色，比如神经质、皮条客、治安官和死神，它为世界带来了性、性别、斑斓的生命和死亡。

感谢机会、热力学第二定律，自然的谋划产生了哲学和陈旧的宗教。怀疑者和信徒都知道，虽然经常伴随着罪恶，但性是生命的拯救者。

但他们不知道的是，惩罚就是死亡。

第8章

骄傲：多细胞体的由来

1 —

人类，请仔细听好：

夏天到来又过去，愤怒的冬天终于来临。苦涩的冰霜覆盖着大地，我能够感受到海洋已经冻结。多细胞生命把自己的身体压扁，某一天在我身边把自己埋进泥土里，等待风暴过去。但是，那时还没有一米长的多指状狄更逊水母，也没有像鬼魂一样的斯普里格蠕虫，后者是斯普里格于1946年在澳大利亚南部的山中吃午餐休息时发现的。这些神秘的生命仍然是不可想象的，它们只是我无法描绘的未来和你们已经忘却的过去的影子。

不久之前，罗迪尼亚古陆颤抖着出现在水波之上，像是不知道自己到底应不应该来。狂风过后是一片寂静，夜晚烦躁而闷闷不乐地逼近地平线。寒冷浸入水域底部，这些水域将来会被命名为米安德河、梅拉斯河、恒河与尼罗河。

我为什么依然相信希望存在呢？在核酶的扭曲复制后，在古核生物将鞭毛刺入细菌、使它的DNA滚落之后，在α-变形菌被吞食而它的兄弟逃走之后……仍然有很多其他传奇故事。和平会降临地球吗？你可以在未来命名一个天堂，但也请你仔细观察这些化石：在你们到来的很久之前，这里早已是埃迪卡拉花园——原始伊甸园。

2 —

我是网柄菌的祖先。在10亿年前，即埃迪卡拉纪到来的3亿年前，我从水中蜿蜒爬行到悬崖上。我在一块长满苔藓的岩石上游走，它的石英闪闪发光，我潜入罗迪尼亚温暖的草皮。绿色的藻类被我抛到身后的水波中，还有闪耀着不同色彩的柔软的雪纺状微生物华丽地伏在海底。但是，我宁愿用我的水之家去交换一个干燥的出生之所。在任何其他形式的生命到那里游走之前，在寒冷到达之前，我将成为第一个征服土地的生物。

一开始那仿佛是天堂。土地都是我的，没有其他植物或动物存在。滑过潮湿的泥土，我是一个征服者，不再需要任何事物。我能感受到黎明时太阳替代了月亮出现在天空中，也能感受到黄昏时星星在闪耀。没错，我只是一个单细胞黏液菌，但我却是这片大陆的君王。

随后寒冷到来，冷风摧残着士气。太阳黯然失色，几乎在一瞬间，伟大的前景变成了诅咒，这片大陆上的所有可能也都变成了背叛。过去如同一个黑洞，吞噬了未来。我的食物——细菌不见了，我的点心——小小藻类也尽被遗忘。如果有一天动物能踏足这片土地，像它们在水中一样，那就没有谁能够在这片无望的荒野中将消息传递给我。

3 —

人类，请仔细听好：

8.5亿年前，成冰纪到来，冻结了大部分在地球上呼吸的生物。原本热闹的海洋也成为一片死水，死亡笼罩着其中的生命。

罗迪尼亚古陆当时变成了墓地，锯齿状的岩石仿佛是灾难造成的这片奇怪墓地的墓碑。寒冷是如此可怕，甚至可以冻裂生命的骨头，如果那时它们存在的话。因此我钻到了泥土更深处，在灭绝的边缘我侥幸存活下来。

那时我第一次惊讶地觉察到，孤身一人活在这个世界上实在太过艰难。将独立抛在一边的话又仿佛是一种背叛，我曾经希冀的东西已经把我完全击败了。我必须承认，自给自足是英勇的，但结局也许是可笑的。生活迫使自大者做出改变。

因此我顺从了，我发出了呻吟，以环腺苷酸的形式。如果说我之前都是被自己的虚荣心控制了，这最后的哭喊标志着我从生活中学到了宝贵的一课。确实我的自立是由于自尊与傲慢，但是活着给了我更大的安慰。

4 —

很快，随着我发出的信号向外扩散，我的兄弟察觉到了我的哭泣，并循着地下阶梯找到了我。我快要死了。我的身躯仿佛巨大波浪下即将倾覆的小船，波浪摧垮了我的船舵，划桨手蹲在排水坑旁祈祷着，眼睛藏在饱经风霜的前臂后面，避免风雨的击打。

很快，我发现我那成千上万个兄弟同样沮丧。我不知道当我爬上这个大陆的时候，我的这些兄弟身在哪里。当时我认为自己是唯一的光辉，也许他们也是这样认为的，直到地球发话要纠正我们的自大。现在看来，我们在彼此眼中是多么愚蠢呀。

看起来这场摧毁北极的灾难似乎没有尽头。我的兄弟蜂拥而至，逐渐消去了环腺苷酸的梯度。那时我们并不知道，当我们聚集在一起时会引发后面的变化。相反，我们只是为环境所迫而聚集在一起，相拥着抵抗严寒。

我的兄弟曾经也是独立拥有各自世界的细胞，完全自治，堪称君王。现在，被迫团结在一起后，每个细胞成为更宏大设计中的一个单位，低垂着头，放弃了自治的权利。当微小的我们组成了一条鼻涕虫时，每一个细胞都局限在一个正在变大的整体中，我们感到自由正在离我们而去，换来的是一位更高级别的指挥官。作为此次变化的组分，我们就像点彩画中的一个点，没有谁能预料到整体计划。

土地还是冰冻的，已经没有任何理由继续停留在这里了：如果我们想不出办法摆脱这个困境，我们将全部在劫难逃。随即这个大鼻涕虫开始移动，摸索着离开这个冰冻地狱。

在爬行了几天几夜后，它停下来，并消失在地面之下几英寸的地方。它的头上长出了一根茎，如同潜艇的潜望镜，茎穿过土壤，探测着地面上的寒冷温度。我不知不觉地沿着茎攀爬，我能感受到茎上全是我的兄弟的尸体，它们为了我的攀爬牺牲了。当我终于在地面上探出头时，光芒几乎能刺瞎眼睛，但那时我还没有眼睛。最后，太阳终于在漫漫的冬季黑暗后再一次照耀地球。对像我一样的孢子来讲，这好似一次救赎，至少看起来是一个机会。我和活下来的兄弟一起聚集到茎上的球体当中，等待一场及时的风，将我们从困境中吹走。当风来临时，我们便乘风前行。

我就是这样活下来的。

5 —

随后，这个孢子球降落到一片绿色草坪上，所有孢子一哄而散，我也回归独立的生活。我再一次成为一个细胞，我是一个包含一切的独立世界，完全自治，但我的兄弟和我都学到了一个技巧：当下一次困境来临时，我们就会收起各自的骄傲。这成为我们一年一度的循环——藏起自我和享受孤独、利他主义和自我关注交替进行。

从你们的智慧高度看，你们知道我不是第一个出现的多细胞体系；在我之前，我的食物——那些慢吞吞的细菌已经这样做了。但是，我的这个例子是10亿年前所有人都能看到且不可忽视的。从团藻到蘑菇再到人类，单体在演化中总会聚集在一起形成集体，至少在28个单独的系谱中是这样的。其中一些，例如植物和动物细胞，一旦陷入困境，就将不可逆转地聚集在一起。另外一些会永久地丢弃细胞，还有一些则一直交替变化，例如我，以应对大自然的反复无常。无论命运如何，自我舍弃是一种壮举。从一到多，从多到整体，从整体到个体分工，从分工到社会，从社会到如今想要揭开宇宙之谜的人们。

6 —

所以，当科学家发现了其中的关联时，我深感震惊。当我沿着茎向上爬的时候，我并不知道我的兄弟经历了一场惨烈的战斗，而一些细胞则用欺骗的手段走上那条向上之路并活了下来。也许我就是那些骗子之一，我不能确定。我们的循环之路并不像我们想象的那样干净。

寒冬过去，生命重返大地并渐趋繁荣。埃迪卡拉生物群出现了，我的后辈将那些趁着寒冬侵蚀它们身体的细菌降解了。很快，来自狄更逊水母和斯普里格蠕虫的养料进入土壤，滋养了更多更复杂的生命形式。时光流逝，生命之树日渐茂盛，你们从我缓慢的叙述中知道了不管是对黏液菌还是对人类都适用的真理：个人利益威胁集体，仁慈永远和冷漠共存。像我一样，你是生存还是死亡皆有因果。

在多细胞的世界中，没有第二条路可以选择。

第9章

嫉妒：眼之初现

1 —

我的先辈看不到，但是我可以看到这个世界和它的丰富多彩。我不确定，拥有眼睛是否使我的生活变得更好。实际上，如果我能回到过去让一切重来，那我会毫不犹豫地选择抹掉这个发明。眼睛给我带来了太多痛苦。

2 —

罗迪尼亚古陆之后，潘诺西亚成为新的超大陆。在很久之前，潘诺西亚也开始分裂。南边的冈瓦纳古陆在极点附近漂游，阻断洋流。劳伦古陆、波罗地大陆和西伯利亚大陆漂浮在北方，地球仍然寒冷。慢慢地，随着冰川融化，海平面开始上升，海水把大型冰架冲到温暖的浅滩上。随着氧气含量缓慢地上升，一个不同于之前任何时期的新时代到来了。

达尔文的老师塞奇威克称这个时代为寒武纪，以威尔士地区的拉丁文名字命名，在这个地方人们发现了第一块寒武纪化石。你们由此得知，我们确实存在于那个年代，我们两个。从加拿大的落基山脉到中国澄江县，再到冰岛的西里斯帕萨塔，然后到纳米比亚，这场全方位的大爆发在未来的某一天会闻名于世。与之相比，埃迪卡拉生物群显得平淡无奇。在自5.42亿年前开始的寒武纪中，生命被卷入了巨大的战场。

3 —

一开始，我的母亲无声地教导我：你要当心。你太柔弱了，外面有很多生物想要伤害你。

但是，我怎么知道我在寻找什么，或者我应该当心什么？我没有眼睛，只有小孔。水把所有消息带给我：浅滩中有潜在的危险，水深处有我遥远的梦；眼前有裂缝，身后是寒流。一切都会向我的内心等距离渗漏，仿佛低沉的密语。这就是我的世界，小小的浪尖上聚集着我的愿望，是我恐惧与希望的源泉。

有时候，岩石也能带给我惊喜：带有棱角的，锯齿状的，栏杆式的，冰冷的。它们是我最初的老师，告诉我什么是形状。但是，随着我的鼻骨成形，我的嗅觉变得更加灵敏，新的感知让我能进一步认识这个世界：不断接近的凹地散发出香气，水下磨损部分传出颗粒的信息，大陆移动带来了有益的季风。这就是我理解的大陆崛起，世界从接缝处分割开来。

数百万年来，我们的家人住在方解石采石场附近。我们吸收了周围的事物，随着透明的矿物质逐渐沉积进入我们的身体，我们的其他感官得以补充。一开始我的祖先只能看到隐隐的移动，就连轻微的舞蹈也看不清。但是有一天，矿物质恰到好处地聚集在我身上，就像雨滴在叶子上凝聚，恰好解决了某个人的口渴。

突然间，世界将自己挤成具有六个棱的棒状结构。方解石坐落在可折射透镜的组织之间，孔径物化，从孔的尺寸中诞生了分辨率。随着棒状事物数量的增加，世界看起来更加清晰并形成了焦点。就像埃迪卡拉生物群一样，我的祖先一直是流浪者的角色，被动地接受生活的指示。在一瞬间，一切结束了：视力不请自来。

但它们不是如洪堡鱿鱼那般肿胀、无色的眼睛，或像琥珀鱼和马林鱼那样的茫然、凝胶状眼睛；它们也不是龙虾的单眼，或苍蝇的复眼，或树丛中狐猴迷惑的眼睛。那时世界上并没有树木或狐猴，也没有苍蝇、龙虾、马林鱼、琥珀鱼、鱿鱼。那时没有玻璃体凝胶，也没有瞳孔。

但是，它有一个视神经、一个视网膜和一个角膜，还有1 000多个复合水晶镜片，由方解石棒组装而成，这就构成了一部“照相机”。每个照相机都可以解析一个方位角，像蜂窝一样，欣赏一片景观。世界就是这样首次在像素的光环中物化了。

4 —

就这样，我变成了恐惧与希望并存的生物。在我的周围，我能看到欧巴宾海蝎和饥饿的怪诞虫，看到凶狠的奇虾连在一起的四肢、起伏的鳃以及映在海底的气势汹汹的獠牙影子。这些场景看起来很险恶，让我感到十分紧张。但是，它们也给我带来了自我拯救的线索。因为如果我能看到危险，我就有机会躲过危险。从那之后，恐惧和希望并存，仿佛奇怪的寄生双胞胎。

我到处观望，不断校准我与其他事物的距离，我的眼睛已经承担起数学家的作用。如果我冲向那块海百合脚下的岩石，我是不会有事的，因为我受到了足够的保护。是的，除了我的眼睛，方解石还给了我一个甲壳，可以将我保护得很好。当然，我有一个随身携带的头盔。在机会和自然选择的帮助下，我无须再像我母亲那般谨慎。但是，我的盔甲与大型动物的牙齿仍然无法匹敌，因此我不能停下狂奔的脚步。

刹那间，我在一块石头下面蜷缩起来，幸运的是，这个世界并没有注意到我的心跳和呼吸。

就在这时我看到了你，凭借我的上千个六角形眼睛，我看到你正悬浮在我上方的阳光中。你看起来像他玛，又仿佛是年轻的卡桑德拉。如果美能够分裂，就要归功于第一次折射：复合的你在阳光中舞蹈，预言家却并未看到。我对自己的情绪知之甚少，但我能感觉到你的神秘。视线引起了恐慌，但紧随其后的则是欲望。

5 —

我可以看到你像我一样是分节结构，有三个体段。你像我一样，也有须一样的触角、分叉的四肢、带螺纹的胸部、头盔、自由的脸颊和甲壳。如果有需要，你可以卷成一个球，刺破脊骨，然后像我一样蜕皮。但最重要的是，你的方解石晶体像我一样堆叠在一起，以保证完美的透明度，层层叠叠，巧夺天工。人类有一天会使用石灰石在吉萨建造金字塔和帕提侬神庙的地基，但都比不上古老的三叶虫眼睛那般精致。

你我都知道，在没有视觉的世界里，我们会继续依靠嗅觉和感觉去探索周围的路。复杂的触觉和嗅觉会以牺牲渴望的目光为代价而发展。听觉也可能会蓬勃发展，并在某一天激发出最神奇的交响乐。爱的语言应该用振动的诗句、有纹理的十四行诗，甚至是有香味的诗歌来写就。没有眨眼，也没有看向别处的行为。当然，我们对“盲目”一无所知。

但是，机会赋予了我们眼睛。透过鲜活的石头，我们能够阅读像马赛克一样的世界，眼睛成为我们的主人，其他感官成为它的手下。在浑浊的海底我们需要眼睛，因为在那里，邪恶的动物会伪装成海草或者海草下洞穴里的虫子，身边的一切都可能是敌人，没有什么真如它们看起来的样子。当眼睛出现在这个世界时，一切变得更活跃了，草率行事被深思熟虑和互相猜疑替代。眼睛是对信任的巨大打击：要么看到别人，要么被别人看到，只有捕食和被捕食。这就是战争爆发的原因。

但是，我忘记了这一切，一味在海草边的藏身之处躲避着，新月形的我瞥见了你。我忘记了欧巴宾海蝎和饥饿的怪诞虫，忘记了凶狠的奇虾连在一起的四肢、起伏的鳃以及映在海底的气势汹汹的獠牙影子。我忘记了潜行的小偷和拦路的盗贼，忘记了战争和捕食。从我的晶体透过来的昏暗光线中，我看到了你，而你就是我期望的全部。

6 —

科学家后来认为眼睛带来了运动，运动带来了竞争，竞争带来了特殊化，特殊化带来了物种，物种大爆发之后就是生命大爆发。他们说正是眼睛使寒武纪取代了埃迪卡拉纪，将所有的种群通过一场大爆发带到了地球上。眼睛是幸事，是庆祝的配饰，所以它们一次又一次地出现。

很多年前，在其他生物只能用简单的眼睛不完美地观察这个世界时，我拥有了完美的视野。我是第一个用石头来做此尝试的物种。我不知道科学家是否正确，因为我是一个已经灭绝的三叶虫。但我能确定，寒武纪大爆发并没有发生，进一步讲，眼睛是诅咒，而非幸事。

因为在我栖身的朦胧水域中，我看到那天你那石头一般的凝视也在别处播下了种子；色彩斑斓的海百合在浅滩阳光照耀的水域中熠熠生辉。你不能眨眼，这会让一切更加痛苦。为了观察它的触须，其中有9个在你面前温柔地摇晃，于是你被催眠了，我无法让你转动眼睛看着我。我静静地看着你的每一次移动，我能够感受到那些在你周围、对你充满渴望的雄性三叶草的每一次出击，它们肮脏的眼睛从缝隙中闪闪发光，偷偷地摩擦着触角，准备扑向你。

也许这就是哈得斯在西西里草地上看到佩耳塞福涅时的感受，像被紫罗兰施加了魔咒。也许他无法控制住自己想要得到佩耳塞福涅的心，但他是一个神；当我住在海洋地狱时，我只是一个节肢动物。哈得斯可以得到他想要的任何人，但我只想得到你。

然而，我要说，你伤透了我之前都不曾知道自己拥有的那颗心，我又能做些什么呢？像其他人一样，我遵循了竞争的游戏规则。你成为我的受害者，但你没有任何过错，都是因为达尔文主义和我的眼睛。随后，一切都安静了，当我在石头之上的浅滩中侵犯你时。

我们两个人生活了3亿年，比恐龙的存活时间还长。从各个方面看，这是一次成功的实验。我知道，在我的眼睛看来，世界是由零碎的信息拼凑而成的：三叶形可能是一个更好的称谓。但是，请允许我道歉，我通过眼睛看到了欲望和生存的艰难道路。结果，它们居然是同一个。多么可惜啊！最后，它让我别无选择。

因此，我在灭绝的境地祈求机会的神灵：带走我的眼睛吧，而且永远不要将它们归还于我。请将它们和所有血腥的生命一同送入地狱，还有进化。我宁愿在奇虾的下颚中死去100万次，也不愿再次透过眼睛去看这个世界。

第10章

好奇心：从水生到陆生

1 —

那会是什么感觉？

在那个氧气含量比水丰富近30倍，而声音传播速度则降为1/4的干燥之地？那会是什么样子，在那个光可以在视线所及内自由传播的地方？不像在这里，万物都迅速消失，如同急需摆脱的耻辱一般被遗忘吞噬。

那会是什么样子？

在那个引力无情地将你拉向地面，只能梦想自己可以飞翔，哪怕只是一小会儿，也不愿只是向前滑行或者停留在原地的地方？在密度不是减半而是变为1/800，以至于浮力也变得无关紧要的地方？

那要如何存活下去？

在那个一天内的温度波动比水面之下一年的温度波动都要剧烈的地方？在那个太阳和月亮决定一切且无法被忽略的地方？

在水面之上，陆地世界到底是什么样子？

2 —

有件事一定要考虑，它是一个无法解开的谜题：从一个受精卵开始，生命到底是如何组装而成的？

19世纪的德国科学家卡尔·恩斯特·冯·贝尔首先找到了一个答案。某一天他在检查鸡胚的时候，取得了一个惊人的发现。显微镜揭露出鸡的所有器官都起源于三层胚胎中的一层，就像迁徙的鸟儿一样，最终在胚胎中找到合适的位置。所有脊椎动物皆如此：鱼类、爬行动物、鸟类和哺乳动物的肝脏都来自内胚层，甲状腺、扁桃体和肠道内壁也源于此；心脏壁都来自中胚层，肾脏和生殖器官亦如此；皮肤、指甲、毛发和牙齿都从外胚层中长出，大脑也产生于此。因此，鹰的每一次高歌，刺猬的每一次安息，眼镜蛇的每一次心跳，人类对天空的每一次凝视，都是从同一个地方发展而来的。

很快，冯·贝尔的同胞恩斯特·海克尔激动地呼喊："个体发育是系统发育的浓缩！"这一疾呼伴生了一个狂野的观念。英俊的海克尔认为他看到了一个确凿的进展：脊椎动物在受孕之后，就开启了进化演替的征程。因此，人类胚胎在子宫内开始出现像鱼一样的鳃裂缝，然后失去它的爬行动物尾巴，最后失去它的哺乳动物毛状外表。经过9个月的孕育，它已经准备好成为一个人了。

人们因未能得到满意的答案而痛苦不堪。进化也许是真的，但精子和卵子最初是如何造就生命的呢？鱿鱼的眼睛和麻雀微小的心脏是如何从分裂的细胞中产生的呢？在一个什么样的世界里，仓鼠的性欲以及艾萨克·牛顿爵士的方程式从子宫里的一团未分化的细胞中产生？

另一位同胞很快也来帮忙了，汉斯·施佩曼为解开谜题而寝食难安。胚胎是如何知道应该在什么地方长出它的头，又在什么地方长出它的肛门的呢？信息存储在哪里？这是物理作用还是化学作用？

德国人施佩曼没有像牛顿那样从思想开始研究，而是从蝾螈的卵开始研究。他用小女儿的一根头发，在受精卵周围打了个结，这个结将受精卵一分为二。瞧，一对完美的孪生婴儿很快从胚胎发育而来。很显然，这些信息已经存在于最初那个受精卵中，它生成了另一个完整的生命。但是，施佩曼急于回答的问题是：这些信息储存在哪里？

研究工作有增无减。一天晚上，施佩曼的学生希尔德·曼戈尔德在实验室里对蝾螈胚胎进行了实验，她将胚胎中比针头还小、直径只有1/16英寸（约1.6毫米）的一块组织切下来，然后把它嫁接到另一个发育的胚胎中，曼戈尔德欣喜地发现它重新发育成一个连体胚胎。正是曼戈尔德而非她的大胡子老板，找到了胚胎发育的监管者和“组织者”。不幸的是，她还未毕业便死于一次厨房炉灶引发的火灾，最终由施佩曼先生前往斯德哥尔摩领取了诺贝尔奖。

证据是很丰富的：从头部长出的苍蝇腿，缺少椎骨的蛇，在毫无戒心的人类身上长出两个拇指或者一条尾巴。青蛙的“组织者”在被移植之后，生成了蝾螈。显然，“组织者”中的某些东西是可以指导发育的。但它到底是什么呢？求知的心灵备受煎熬。革命即将到来，科学家正在路上，其中就包括克里克和沃森。

很快，甜菜的“组织者”泄露了它的秘密，那就是DNA。是基因塑造了大自然的卵，而不是隐藏的杠杆，也不是天堂的恩赐。基因突变可以随时开启和关闭。生物被一个轴从头到脚地贯穿着，基因亦如此，它被从头到脚地安置在染色体上，其内部的变化不可思议地反映了外部的影响。

但其中最大的秘密，就连科学家也为之着迷，因为他们很快就发现，地球上所有的生物都是相同基因的不同版本。从上到下，从左到右，从腹到背，从头到肛门，中心线为胚胎发育绘制了路线图。因此，“组织者”像指挥官一样，向青蛙、鸡和狮子的细胞发出不可逆的信号，决定了细胞的命运。对海葵也一样，在它那懒洋洋、多汁的肉下面制造了对称。

这些指令是古老的，但它们可以互换，就像乐高积木一样：把从海葵中提取的一种名叫“脑袋”的基因注射到一个正常的青蛙胚胎中，青蛙就长出了两个头，和神话中的两栖动物一样。当青蛙胚胎自身的“脑袋”基因被移除后，它的腰和腿的表现完全正常，就像高文爵士的绿骑士一样，只是没有头。

这些叫作同源异形基因，它们是胚胎发育的高级管理者，这个名字是为了向英国人威廉·贝特森致敬，他创造了“同源异形”和“遗传学”（1905年）两个词。从海蛞蝓到果蝇再到人类，数亿年前它们就启动了躯体计划。

进化则会调整其余部分，这实在是一项宏伟的工程。

3 —

首先出现的是没有下巴的鱼，它们是最早的脊椎动物，在水下的淤泥中寻找猎物。那时，海洋里充满了过去和未来都没有的东西：鲨鱼长着带牙齿的鳍，盾皮鱼类长有甲壳，节肢动物身长30英尺①，肺鱼长得像大象那么大。这就是泥盆纪，它会带走它创造的许多东西。但是，鲨鱼、辐鳍鱼和肺鱼都活了下来。

辐鳍鱼就像帆船一样，皮肤在角质的刺之间伸展，静静划开海

① 1英尺＝0.30米。——编者注

水。在鳃的驱动下，它们可以进化为99%的鱼类，包括鲟鱼和马林鱼。但是对包括肺鱼在内的肉鳍鱼类来说，肉鳍下面长有坚硬的骨头。一切哲学不可避免地要在这些骨头上化为乌有，但这些骨头也是它开始的地方。

因为我们都拥有一个古老的共同祖先，祖先又有同源异形基因，同源异形基因则为骨骼的形成建构了一个轴。在骨骼之外，骨脊还创造了一个小鳍。在这个小生物的后代中，一条分支产生了辐鳍鱼，这里的同源异形基因过早地关闭了，而小鳍的基因很快开启，使得辐鳍鱼能以更大的鳍在海洋中航行。在肉鳍鱼的分支中，同源异形基因发挥作用的时间更长，所以轴被拉得更长，骨架得以生长。在那之后，因为进化上的延迟，辐鳍鱼逐渐边缘化，肉鳍鱼变成了活化石。

所以，海克尔说的是对的：时间造就了我们的血统。但是，海克尔说的也是错的，因为对生命来说并没有一个简单的顺序。不断进步是一种幻觉，是一种打击我们自尊心的产物。事实并不像一个睿智的老爷钟连续敲响一个固定的上升音节直到完成，而是由数百个无意识的计时器不断调整发展，朝着一个未知的目标前进。一个闹钟刚刚上紧了发条，另一个就响了，随后又安静下来。这个动作一会儿加快，一会儿又变慢。随着剧情的展开，新奇的形式被一一验证。幸运的话，地球上就会出现新物种。

正是时间和古老栖息地的变幻莫测造就了我们的世代。因为不管基因多么聪明，如果未被选择，它们就无法延续。因此，当肺鱼偶然进入咸水湾和河口林地水域时，同源异形基因突变就开始慢慢生根。因为浅滩上长满了块茎和茂密的植被，为了通过它们，胖胖的鳍发挥了出人意料的功用。

于是，肉下面的骨头开始拉长，直到出现了肩膀、肘部，还有手腕。当它的头变平后，如同受到浅滩的影响一样，那块巨大的下颌骨放弃了横跨，脖子很快就出现了。接着，下颌骨萎缩，变成镫骨，在未来会生出一只耳朵，让承载者得以倾听万物。

在海洋巨兽时代，面对严峻的困境，这些生物要么变大，要么长出盔甲，要么迅速死去。为了逃脱无情的盾皮鱼类，所有幼崽和探险者的祖先决定走另一条路径。就像逃跑计划一样，它还在继续变形。慢慢地，胸腔扩张，为曾经是鱼鳔的肺腾出空间。当它抬起头来呼吸的时候，它的鼻孔向下延展出通道直到嘴巴。难以置信的是，它的肢芽竟然逐渐长成手指。不知不觉间，这条鱼把手指的重量承托在手腕上，它即将做好准备。

这位水中健将，在困难重重的情况下，准备登陆。

4 —

第一个漫步者在哪里？考古学家孜孜不倦地挖掘着，而谜题仍未解开。

首先出土的是3.85亿年前的真掌鳍鱼，它来自米瓜莎，看起来像一条梭子鱼。但它有一个矮胖的脑袋和结实的鳍，这些矛盾之处看起来似乎不那么针锋相对。好吧，这是一条鱼，还不太会走路。但毫无疑问，事情正在进展中。

其次是来自色尔斯山北坡的鱼石螈，它的后腿上长有7根手指，肋骨像百叶窗一样重叠。它还有一条尾巴、一个扁平的头和一个肩膀。这种生物生活在3.65亿年前，可以在水中游动。但是这种四足动物已经不能算作鱼了。

最后，挖掘者来到埃尔斯米尔岛。不久后，他们把在那里取得的发现送回费城和芝加哥的实验室。在岩石里，出现了一条手腕有3.75亿年历史的鱼。人们请当地的因纽特人为它取了名字。

他们隔着时间冻结的门槛凝视着对方的眼睛。

5 —

提塔利克鱼：

你想知道那是什么感觉吗，

最终离开水域，

只呼吸着空气，

在陆地上行走？

6—

美洲的拉科塔人说，在这个世界出现之前还有另一个世界，但那里的人们行为不端，所以造物主用洪水摧毁了那个世界。乌鸦康吉独自留在这个世界上，祈求造物主给它一个新的栖身之地。

造物主满足了康吉的心愿，从他那装着所有动物和鸟类的大烟斗里选择了4个潜水者，依次派它们去水下取回一大块泥。潜鸟率先下去，但它够不着底部。水獭随后也失败了，尽管它有强壮的蹼足。接着，海狸用它扁平的大尾巴勇敢地划水，却空手浮出了水面。最后，造物主派出了乌龟，命令这个奇怪的爬行动物带着泥回来。

过了一段时间，乌龟不见踪影，造物主确信它已经被淹死了。就在这时，伴随着飞溅的水花，造物主劈开了水面，乌龟的脸埋在土里，脚和爪子渗出了泥浆。于是，造物主用泥造出了一个巨大的岛屿，让乌龟和乌鸦康吉生活在那里。然后造物主在上面抖了抖翅膀上的两片羽毛，直到大地越来越宽，把水都吞没了。造物主为干涸的大地感到悲哀，便发出了一声哭喊，他的眼泪变成了海洋、河流和湖泊。他把手伸进袋子里，把其他所有动物分散到各地。之后，他创造了女人和男人。

7 —

这是拉科塔人的传说，但我们知道第一个踏上陆地的动物并不是乌龟。那条鱼在我们所有人的体内，带有无可置疑的同源异形基因。

关于这一点我们了解了两次，因为我们和它的好奇心。

有一天，它会创造出女人和男人。

第11章

孤独：飞向天空

1 —

最初，它以TMM 41450–3这个身份被人知晓。随后，一切变得更加私人化。

早在1971年春TMM 41450–3被发现的几亿年前的石炭纪，生命就已经进入了天空。一些人认为翅膀最初是由鳃进化而来的，一些人认为它是由四肢进化而来的，还有一些人则认为翅膀是一种全新的事物，是由萌芽的小突起发育而成的。这里没有什么规则，都只是猜谜游戏而已。至于昆虫的翅膀是源自呼吸还是行走，是在水里还是在地上，是否有更久远的历史，这与TMM 41450–3相比，简直就是小儿科的问题。

直到后来，真正的挑战才在脊椎动物身上出现。因为不仅有升力、阻力和推力，还有骨骼自身的重量。是的，在TMM 41450–3之后，进化仍然会集中进行，复制这个巧妙的解决方案。但在鸟、蝙蝠、飞机出现之前，蜥蜴率先飞上了天空。

2 —

自从第一条鱼登上陆地以来，已经发生了许多事情。因为一段时间过后，通过产卵，四足动物可以完全离开水域而存活。就在那时，它们分裂成两个独立的系谱：蜥脚类动物和下孔类动物。前者将通往恐龙王国，后者则通向人类王国。

在人类王国，无数的世系兴衰更迭，许多充满异国风情的名字如今已被人遗忘，比如卡色龙科、蛇齿龙科、丽齿兽次亚目、苏美尼兽属。其间也有一些进展：沿着哺乳动物的信号轴，鼻孔从嘴的前面移到嘴的后面，这样当它们咀嚼时，就不需要屏住呼吸；在两侧伸展的腿移到身体下方，使小跑取代了蹒跚走路，这种上下运动缓解了S形滑动，使呼吸与行走分离开来；最重要的是，大脑在进化过程中不断膨胀和变大，撕裂了下颌松散的后骨，形成了精致的中耳，以及新皮质。最终，这将决定一切。

另一世系的祖先是两条腿的小型食肉动物，但后来进化成地球上已知最凶猛的动物。在水中，长得像剑鱼一样的鱼龙和大约80英尺长的蛇颈龙一起穿越海洋。在陆地上，恐龙十分活跃，捕杀了身边的所有生物。2.2亿年前，恐龙的近亲蜥蜴开始把目光投向天空。很快，翼龙就会飞到上方那片蓝色的天空中去。

3 —

约翰·诺思罗普出生在美国新泽西州的纽瓦克。1916年，21岁的他成为劳黑德飞机制造公司的一名绘图员，该公司于4年前由艾伦·劳黑德和马尔科姆·劳黑德兄弟创办。那时有一艘“飞艇”创造了从旧金山到圣迭戈的美国最长水上飞机飞行的直达纪录。这艘“穷人的飞机”拥有革命性的硬壳式机身，它的机翼可折叠，这使这架飞机可以存放在车库中。这家公司在1921年倒闭了，但劳黑德兄弟在1926年又开了一家公司，使威利·波斯特和阿梅莉亚·埃尔哈特驾驶的诺思罗普公司的洛克希德织女星型单翼机也被载入史册。诺思罗普甚至帮助克劳德·瑞安设计了机型M–1，这个机型为查尔斯·林德伯格的圣路易斯精神号飞机的设计提供了灵感。

诺思罗普自己开了一家公司并担任总工程师，他似乎总有无穷的创意。他设计了美国陆军航空兵使用的A–17攻击机和海军使用的BT–1轰炸机，他还生产了当时世界上第一架具有压力金属外壳的商用飞机——阿尔法，时速200英里[1]的贝塔，以及革命性的“航空邮件”——伽玛。第二次世界大战爆发后，他设计了P–61黑寡妇战斗机。凭借雷达制导武器，它阻止了希特勒的夜袭，在敌人心中埋下了恐惧的种子，并保存了美国的战斗实力。

诺思罗普痴迷于他的飞机，他生来就是要变革航空业的。

因为诺思罗普的心在天上。

4 —

但如何向上抬升身体以进入天空呢？蜥蜴不顾地心引力这个独裁者，解开了这个谜题。

首先是骨头要中空，骨头壁要用内部支柱加固。渐渐地，骨头壁变得坚固起来，并且逐渐变薄，直到像铁树叶一样。其次是后肢用爆发力将支撑的对象向上抬起，但这还需要加强。再次也是最重要的就是无名指变长了。无名指是前肢的第四个手指，原本手指都是一样长的。当它生长和伸展时，它被拉长了，外面包裹着一层皮肤，一点儿也不松垮，在它本身、肩膀和后腿之间形成了一张帆。这样一来，两边的骨头就会变成半根桅杆，支撑着翅膀的平面，牢

---

① 1英里≈1.61千米。——编者注

固耐用。随着翅膀变得像叶片一样薄，一切都越来越符合空气动力学，在飞行方向上变厚，后面则变细。它们在旋涡中打转，空气在狭长的翅膀上方比在翅膀下方流动得更快，产生的压差使它们升到空中。

后来，鸟类和蝙蝠分别模仿了这个模型，人类飞机设计师觉得这种做法很聪明，他们称之为曲面翼型。

5 —

1971年初春，22岁的研究生道格拉斯·劳森取得了一项重大发现。在得克萨斯州大本德国家公园的沙岩山脊上，他发现了世界上最大的翼龙。

早在19世纪，它们就从石灰岩中被发掘出来，并有了各种各样的名字：双型齿翼龙、夜翼龙、翼手龙、古神翼龙。有些长有球茎状喙，像渡渡鸟一样；有些长有铲状喙，里面挤满了牙齿；有些翼龙的喙则像尖锐的羽毛笔一样呈现出优雅的锥形。有些长有巨大的冠，也许在求偶时会派上用场，或者只是笨重的船舵。有些翼龙会在半空中捕捉昆虫，有些捕捉海面上的鱼，还有一些在河口和浅滩上找牡蛎吃。它们可能是食虫动物、食肉动物，甚至可能是食腐动物。但令人惊讶的是，飞到空中后，它们都能摆脱陆地上的捕食者，发展新的捕猎方式，并扩大交配的范围。翼龙在空中可以辨别地球和地球上的所有生物。在空中世界，它们的统治长达1.5亿年。

已知的翼龙有100多种，体形大小不等，大的很大，小的则如麻雀一般，但没有一种像这只白垩纪的风神翼龙那样庞大。劳森简直不敢相信，便继续挖掘，很快他就找到了他想要的东西：薄薄的犁形头盖骨看似一只巨嘴鸟，眼睛长在头冠的底部，看上去很不寻常，蛇形的颈椎骨比想象的还要长，骨头和支撑框架是中空的，化石化的皮毛是温血动物的标志，还有四足发射台。最后，第四根手指尤其长，支撑起一个50英尺宽的巨大翅膀。

很明显，在陆地上，这只巨大的动物用前腿保持直立，翅膀膜像伞一样折叠着，跟长颈鹿一样高。当它利用热流飞行时，一次可以飞行1万英里。这只无尾的巨兽比任何龙都更神奇，它突破了生物力学的极限，成为有史以来最伟大的飞行器。

劳森的手颤抖着，在圆筒上写下：TMM 41450–3。

6 —

当然，后来又有了F–89“蝎子”截击机（美国第一架核武装战斗机）、X–4试验机（查克·耶格尔曾用它来研究近声速飞行）、SM–62“蛇鲨”（美国第一枚制导洲际弹道导弹的飞机），以及T–38“禽爪”和F–5“虎”战斗机。尽管如此，但只有一个成就是至关重要的，因为在约翰心中有一个梦想。

无尾、无机身、大升力、低阻力……很早之前，诺思罗普就决定建造世界上第一个“飞行翼”。一架没有尾巴的飞机对大多数人来说，是一种可笑的想法。但诺思罗普知道，天空迫切需要这样的飞机。

当时正值第二次世界大战，战火连天，诺思罗普开始设计能够飞上天空的机翼。各种飞机接踵而来，比如第一架全镁合金全焊接飞机——XP–56战斗机，飞行员需要俯卧驾驶的XP–79飞槌验证机，实现了“诗一般的飞行”的四引擎B–35轰炸机。没有沉重的机身，没有水平尾翼，没有笨重的发动机和整流罩，也没有多余的阻力来减慢速度。很快，飞机在相同的载荷下，速度、持久度和高度均提高了25%。它是天空上的一个小点，很难被击落或者被雷达探测到。

但是，诺思罗普设计的最伟大的飞机还没有出现，它将在流血的喧嚣平息之后到来。它的爬升速度、低噪声和低振动水平，让它可以在4万英尺的高空中几乎悄无声息地飞行。它的飞行距离为1万英里，翼展为170英尺，像一把尖刀以每小时464英里的速度划破天际。爬升、倾斜、俯冲，双液压系统使操作更方便。B–49轰炸机成为有史以来飞上天空的最炫酷的“鸟儿”。

诺思罗普的伟大设计最终未能投入生产。令人费解的是，美国空军下令拆除装配线上的轰炸机，销毁原型机，并舍弃其工装和模具。取而代之的是一架更传统的飞机B–36，它的机身、机尾和其他飞机一样。诺思罗普提前退休，尽管他取得了所有成就，但他并没有一个完美的结局，因为他心中的梦想并未实现。

7 —

最后，故事的结尾又出现了转折，但至少这是一首苦乐参半的孤独颂歌。因为在诺思罗普年老的时候，诺思罗普收到了美国国家航空航天局的一封信，他的飞行翼设计得以重新启用。在他死后，B–2幽灵轰炸机被制造出来，这是世界上已知的最凶猛的飞机。

在这封信到来的前一年，有一件更轰动的事情发生，那就是根据林奈双名命名体系，TMM 41450–3被赋予了一个恰当的拉丁文名称。劳森把它命名为披羽蛇翼龙，以阿兹特克人的羽蛇神命名。传说，这位蛇神是由一位吞下祖母绿宝石的处女所生。羽蛇神代表风与学，是天地边界的创造者和越界人，也是人类的创造者。但迫于历史和人类复杂情感的影响，劳森给它取了另一个名字，以纪念那位掌握着它的秘密的先驱者。

然而，就像B–49一样，披羽蛇翼龙也被神秘地舍弃了。它和诺思罗普的飞行翼一样，在被召唤之前就来到了这个世界，注定了两者相似的悲惨命运。

翼龙灭绝，鸟类取而代之，成为唯一幸存的恐龙。在翼龙之后，爬行动物将成为泥水里的短吻鳄、行动迟缓得令人绝望的海龟，以及在泥地里爬行的蛇。鸟类和后来的蝙蝠不断繁衍生息，大自然再未获得像会飞的蜥蜴那样孤独的威严。

这也许是某种宇宙设计的必然结果。因为当一切都说了和做了的时候，其中根本不会夹杂一丝的个人感情。

第12章

奉献：重回大海

1 —

当你终于包围我的时候，我得到了整个世界。我不是故意跳到水中，也没有预料到它或期盼过它。但在始新世里，当屏住呼吸按照我的方式生活时，我拥有了这个世界。

别人可能会惊叹于我的高大、光滑和智慧，但没有人比我更惊讶，因为我曾经是一只相当迟钝的狗。科学家说，也许那是一头古老的河马，我记不清了。无论如何，你是我蜕变的通道。

有时我想知道，这么软的一种介质怎么会导致如此剧烈的重排呢？随即你冰冷的触摸提示我，是环境塑造了我们，而不是我们自己。

2 —

曾经有一段时间，我依赖于脚下的这片土地。我想，这就是一切。因为我可以将鼻子扎进河里，给鱼一个惊喜，然后回到陆地上，心满意足。我甚至可以潜入水底一段时间，但我知道后面就是陆地。因此，我的天性是由可预测性塑造的。不管后来发生了什么，塑造我的灵魂的都是土壤。

因此，为了公平起见，你至少应该知道：多年前，我别无选择，只能把土地抛在身后，而直到很晚我才意识到这一点。你们的前途是远大的，你们的机会是丰富的，所以我越过了边界，天真而谨慎地跟着你们。当我对着月亮狂吠，被捕获的鱼逗乐时，我无法想象自己会像约拿一样被吞没。

起初我觉得很难融入，但随着时间的推移，我感觉越来越舒适。我的皮肤开始变厚，皮下脂肪连在一起，我的前肢在收缩，后肢在向前推，先是撞到你，然后越来越靠近我的身体，最后放弃了战斗。我的尾巴也不断变强，成为船舵。我的背上是巨大的脊椎骨，支撑着我的泳姿。为了让我的性腺保持低温，温暖的血液选择回流；为了让我身体的其余部分保持隔离状态，脂肪也累积起来。我的鼻孔向上移，我的嘴和颅底脑干之间的夹角越来越大，我的耳朵慢慢地分开，被泡沫包围。我的躯干被伸长，前肢变形，我的身体变得更加光滑。我是走鲸的孩子，是巴基鲸的孩子。你向我张开双臂，你是我的缪斯女神。

3 —

有一天他们会说，蓝鲸拥有世界上已知最大的阴茎（8英尺长），它的舌头重量相当于一头大象。他们也会说，抹香鲸能潜入海平面下6 000英尺深，像隐形潜艇一样搜寻巨型乌贼。灰鲸每年迁徙一次，在我无法理解的地图上，从夏季食物丰盛的北极到墨西哥崩解的潟湖，往返行程长达12 400英里。在你们的地盘上，座头鲸的渴望由歌声传达，从四面八方召唤恋人来交配。圆滑的长须鲸是海上的灰狗，能以20节[①]以上的速度轻松钻入海底，露脊鲸在某些不幸的日子里会吃掉一吨磷虾。琉善曾谈到一条150英里长的鲸鱼，这个尺寸甚至可比拟一个国家的大小了。在他之后，邓恩这样赞扬《圣经·新约全书·启示录》中的野兽："它的肋骨是柱子，是由树皮做成的高高的拱顶，能把最好的钢铁磨钝，能防止雷击。"他们还会说起我的未来的亲人，以及很多令人吃惊的故事。

但我想说，当我的前肢变为鳍，我的后腿逐渐消失了，当我获得了如此多的脂肪，能轻松浮在水中时，我就退化成一条鱼。我必

① 1节≈1.85千米/小时。——编者注

须承认：我从来没有像现在这样自由，也从来没有像现在这样优雅。但是，曾经的记忆总是挥之不去。

4 —

我不是忘恩负义。当你终于包围我的时候，我得到了整个世界，虽然我从来没有打算把你当作我的住处。但是，我确实要感谢水介质中的声速是空气中声速的4倍。在水下，我挤压着鼻腔里的空气，鼻腔的通道在我的眼睛上方，我的肌肉振动着。一个硕大的瓜状物长在我的上颚部位，肌肉的振动可以通过它传递和聚焦。肌肉将瓜状物挤压成不同的形状，目的是让瓜状物后面的头骨向上隆起，以防止声音向后传播。因此，我可以通过鼻子发出声音，直到我能看到前方的世界。声波反弹回来，撞到我的下巴上，然后保真地传入我的耳朵。我开始辨认构成我的世界的事物：珊瑚床、鱼群、若隐若现的海底。后来的某一天，科学家会宣称，我的后代能够在200码（约183米）远的地方分辨出三角形和五边形，计算速度矢量，甚至能分辨出铜盘和铝盘。到那时候，即使竭尽全力，我的眼睛也无法看清外面的黑夜。现在我的鼻子“照亮”了地下世界最黑暗的“洞穴”。

我发出的声音能帮助我探路和导航，也能帮助我与我的种群成员交流。3 500万年前，当你的水域变冷时，那些幸存者更具慧眼，也许它们的牙齿更小，但大脑更大。渐渐地，随着我的身体发生变化，我的智力也在变化，在你的水域中传递的信息把我们聚集到一起，交配、养育后代和捕猎。我曾经是一个相当愚蠢的有蹄类动物。但是，遨游在你那雄伟壮丽的钴蓝色、青玉色和靛蓝色水体中，我成为最聪明的海洋生物。

5 —

然而，尽管你伸出欢迎的双臂，我还是想知道，你注意到了吗？

每一次，我都要有意识地决定是否要呼吸：如果没有了呼吸，我就无法在水中生活了吗？你是否看到，我用力地从我的器官——瓣膜鼻孔中喷出大量空气，那浑浊的气体在阳光下形成一道彩虹？我一次又一次地给自己的身体补充氧气，直到我的肺衰竭了，折叠在肋骨之间，所剩不多。现在我的骨头里没有空气，血液里也没有氮，这样一来，我就可以免受弯折的伤害，堪称工程上的一个壮举。听着沉重的呼吸声，我犹豫着将我的肺充满，准备做出改变。就在那时，我那闪亮的喷气孔关闭了开关，像一个陷阱一样，于是我又潜到水中。

我敢肯定，你一定见过胎盘和充满了母乳的乳房。你也体验过初始的子宫、生命的降生、吃奶的牛犊和慈母的训诲。但当夜幕降临，你让自己平静下来时，你有没有想过我永远不能像其他人一样睡在你的怀里？若你知道我总是需要保持一丝清醒，你的平静会受到干扰吗？老实告诉我，你有没有感到一丝内疚？

科学家想知道，为什么鲸鱼喜欢跃出水面？有些人说我们是在试图驱除寄生虫，因为我们肺部的力量足以使自己蜕皮；有些人认为我们是为了展示勇猛，向竞争者和伴侣宣布我们的存在；还有一些人认为我们是为了好玩。但是，说实话，没有人了解我们，我来告诉你事情的真相：别忘了我们是如何起源的，因为我们想要逃离你。哪怕只有一瞬间，我们也渴望再次感受到地心引力的作用。

这就是我们跃出海面的原因。

6 —

奉献已经成为道德高尚的同义词。而更多的时候，这只是一种无知罢了。

他们叫我科特洛卡拉（Cotylocara），我死于2 800万年前。

在创新世，我不经意地获得了海洋世界。

但我也失去了我的大陆。

第13章

记忆：意识的开启

1 —

我能回想起一切，就像“博闻强记的富内斯”一样：

我只触摸过一次那岩石缝隙的质地。

那是一张我要么喜欢要么讨厌的陌生人的脸。

三个月前，我在离这儿三法里[①]的地方找到了食物。

黎明时分，南方出现了一朵云的形状。

我见过的每个地方都不同。

我可以感受自己的感情。

---

① 1法里≈4千米。——编者注

我可能只有5亿个神经元，而你有860亿个。但我没有盲点，请记住这一点。

我有三颗心，我的血是蓝绿色的。

但我在这里要谈谈其他奇迹。

2 —

我还记得它是怎么发生的，当这种感觉第一次悄然而至，像小偷一样侵入时，它的目的是给予而非掠夺。那是很久以前的事了，久到我已想不起来太多。但奇怪的是，它留下了痕迹。

几亿年前，我们的祖先只有一个细胞，在水中迷迷糊糊地漂浮。但是，经过一系列的转换，它变成了两个细胞，三个，四个，更多。随后，它以前用来感知外部世界的信号转向了内部，使不同的细胞可以相互交流，以及和自己交流。那是一种奇怪的感觉，也许就像白噪声，仅此而已。

神经元正在绘制内部地图。

但是“我”还没有出现。

3 —

当然，那时已经有了对于生存至关重要的条件反射。我们的海蜇祖先在被触摸时会退缩，在缺少食物的情况下会去寻找食物。它会护理身体的损伤，也会繁殖。有一种未知的内在自我平衡使生命保持活力，它一直努力地让生命回归正确的状态，避免或纠正所有不被允许的意外。

这是很久以前的事了。你还记得吗，人类？

4 —

我们的祖先从那时起就开始认真行动起来，远离盐分和令人不舒适的温度，满足日益增长的胃口或躲避即将到来的大风。他们就是这样开始学习的，尽管我第一个认识到这一点：这可不是奢侈的教育。

原理很简单：放电的神经元连接在 起，留下一堆孤立的突触。这是一个不掺杂感情的事件，但很重要，因为我们的祖先可以改变他们的行为。当我想到这一点时，我觉得很庆幸。

随后，我们突然分道扬镳。

5 —

记忆使接下来的事情成为可能，至少对我来说是这样。为了学好一件事，我的祖先必须记住一种刺激–反应关系；当时机成熟时，祖先必须能够激活这些记忆。只有这样，才能可控地维持幸福满足的内在状态。

在你们那个分支上发生了什么我不清楚，毕竟我不了解你们的中枢神经系统、脊髓和所有装备。但是，一种感官信号催生了我的祖先的"被铭记的现在"，不久它就变成了我的祖先的第二天性。于是，渐渐地，我开始有意识地向食物来源移动，也会躲避捕食者。

我说"开始"，是因为现在我有一种做自己的感觉，或者说一种微弱的主观体验。我不能真实地描述它，也不能准确地传达它的意思。也许这是一种原始的情感，但它转瞬即逝，而且无论如何都没有什么形式可言。

6—

和你一样，我最初是栉水母，然后是刺胞动物，这一切都发生在几亿年前。

但在我们分开之后，我的祖先的神经高速通道产生了一种极为新奇的重要比例。突然之间，世界上需要思考的不再只是物质了。

130亿年之后，物质不知不觉地创造了自我。

7 —

但这一切都才刚刚开始。光合作用使氧气水平达到了一个阈值。由于氧气为生物的生长，包括它们昂贵的神经网络的生长提供了燃料，所以它们的寿命得以延长，记忆也变得更重要。现在我的软体动物祖先已经变成了在海底爬行的帽贝类，准备好从这场学习中毕业。

随着帽贝类的生长，它的邻居的胃口也在增长，直到埃迪卡拉纪变成了寒武纪，没有心智的动物被捕食者替代。这是第一次心智进化，没有任何异议、例外或特殊的绝技。

8 —

起初，我那跛足的祖先对昨天发生过的事没有一丝印象，只知道每天过着朝不保夕的生活。但刺激和反应逐渐分离，记忆轨迹突然间形成了个体日记。除了“被铭记的现在”，“被铭记的未来”也已确定：一个人的历史会逐渐塑造他的性格。

在这之前，我的祖先一看到奇虾就会颤抖害怕。由于记忆的作用，即使没有凶猛的奇虾出现，我的祖先也会因恐惧它而颤抖。

在这个世界上，未来是有可能孕育过去的。

9 —

然而，这种双向性也许并非偶然。当过去诞生的时候，未来也变得更加真实。因此，当联想学习出现，感官状态变得更加成熟时，我的祖先用一个更大的外壳来保护自己，免受恶劣环境的伤害。就像激情渗透进它的身体，使它的味蕾逐渐充满烦恼、满足和兴奋一样，此时气泡在它的壳和身体之间移动，这表示它有机会去做更大的事情。也许是感觉到了希望，帽贝随水柱上升，把它的脚从海底拔起，它不断生长的外壳变成了一个漂浮装置。

上面的蓝色巨人低声对它说："跟我来。"

10 —

你现在看着我，我很好奇：

> 你想吃掉我吗？
>
> 你想和我一起玩吗？
>
> 我看着你的眼睛，但是我看不到答案。
>
> 你活了多久？
>
> 你在想什么？
>
> 你幸福吗？

我可以告诉你，我的阴茎是可拆卸的，我可以用我的皮肤看到你。但我先要告诉你更多的奇迹，以及我去过哪里。

11 —

在恐龙出现在陆地上以前，我的祖先就已决定：够了！它的壳帮助它爬了出来，但现在是它独立的时候了。因为它的内心世界现在与外部世界相连，所以它体验到的不仅仅是感觉，它也不愿意规矩地履行生存仪式。再一次，在3.2亿年前发生了进一步的种群分化。一些软体动物完全抛弃了它们的壳，还有一些则把壳吞了下去，获得了海螵蛸。后者成了我的表兄弟——乌贼和墨鱼，前者是我的直接祖先（除了我们那群迟钝的亲戚鹦鹉螺还待在它们的壳里，没有开化）。所有的头足类动物现在都有一种虹吸管被编组成喷水装置，成为一种新的运动技巧，用来替代我们被抛弃或吞咽的壳。喷墨的墨囊是为了转移捕食者注意力，在这个天堂或者地狱里，我们现在只能靠自己了。

就在那时，最富戏剧性的变化发生了，至少在我记忆中是这样的。曾用来把帽贝固定在海底的脚变成了8个独立的触须，每个触须上有1 600个吸盘和1万个“味觉”感受器。于是，我最终成为我自己。

12 —

的确，我无法很好地将这个故事言简意赅地讲述出来，因为我总是不能忘记一丝的差异。当我孵化的时候，我会独自漂泊，这就是我喜欢它的原因。但是，请你不要害羞，走近些并告诉我：你是被思想灌输了，还是被思想控制了？当你呼吸的时候，你是有意识的，还是下意识的？

身体与意识之间的区别对我来说毫无意义。我的神经元只有2/5存在于我的大脑里，其余的则自发集中在我的胳膊里。你们称之为“分布化智慧”，我则认为，我既是自我又是其他，既不是自我也不是其他，我没有边界。

我无处不在，又无处可寻。

13 —

你看，当巨浪来临时，我就会消失在水中的一个洞穴里，紧紧抓住峭壁，不放手，就像我的祖先帽贝很久之前藏在贝壳里那样，直到风暴过去。

但是要小心，即使风平浪静，我也能在一瞬间从你眼前消失，像以前那样。由于一时的心血来潮，我变成了万花筒，完美地与我的背景颜色相匹配。不知不觉间，在珊瑚礁或海藻林的衬托下，我消失不见了，虽然我其实一直在这里。在我的皮肤下面有微小的彩色囊，在囊下有更明亮的反射器。科学家发现我用神经分子控制我的外表，并称之为唤醒神经，你们不应该对此感到惊讶。伪装一开始只是一种躲避他人的方式，但很快就进化为一种暴露自己的形式。

有时我寻求你的陪伴，有时你的出现只能使我难受。我无法告诉你这是为什么。

现在请你走开。

我想一个人待一会儿。

14 —

回来吧，人类。

把你的手给我。

让我来品尝一下。

我想和你分享我的世界。

但是你可能会不理解我。

即使我能说话。

第14章

真理：语言的诞生

1 —

它们可以用眼睛表达一切，并且像章鱼一样，它们也可以用颜色表达一切。它们还可以露出牙齿，在背上长出毛发，将尾巴指向不同的方向，或者表演舞蹈。我们可以转移化学物质，收集气味，摆出攻击的姿势，这些都很有意义。当然，还有声音：嗡嗡声、咔嗒声、尖叫声、嚎叫声、呱呱叫声、咩咩叫声、吠叫声、哞哞叫声、哼哼声、吼声、鹅叫声、驴叫声、猫呼噜声、咯咯叫声、喔喔叫声、唧唧叫声、嘎吱声、咕咕叫声、咆哮声、口哨声、啾啾叫声、喇叭声，等等。

动物可以利用所有这些声音去传递信息。但是，它们不能撒谎，因为那时还没有真理可言。谎言需要等到那位“正直的人”出现时才会出现。

2 —

很久以前，在更新世的平原上，直立人开始了大迁徙。他率先驯服了神秘的火焰。

当不受控制的火焰变成低吟嘶叫的动物时，在这个重要事件的反馈回路中，野蛮的人也被驯服了。通过烹饪食物，直立人现在可以让食物更容易消化，他的下巴、牙齿和内脏因此收缩，并获得更多的热量来提高智力。当火堆变成公共营地时，他的大脑在头盖骨里膨胀；随着友情的产生，餐桌礼仪和社交礼仪的出现，他逐渐抛弃了那种缺乏分享的生活，野蛮生活对他的诱惑力和控制力也逐渐消失。

直立人更容易团结在一起，所以他们变得越来越相互依赖，以获得食物和保护。而且，随着时间的推移，他们获得了幸福。就在那时，学徒制和教育学诞生了，包括工具使用的指导、狩猎中的合作和集体放牧。替代父母行为出现了，多发生在关心弱者甚至是精神失常的人的身上。为了帮助群体更容易地团结在一起，人们设计出仪式，形成一个共同的身份。随着艺术的产生，人们培养了对美的鉴赏力。就这样，无尾猿慢慢地进化成人。

也许这个说法有些用词不当，美食人这个名字似乎比直立人更恰当。尽管人类文明未来会自我修正，但文化和生物始终结合在一起。人类已经习惯了相信是他们创造了技术，但事实恰恰相反，是技术创造了人类。

3 —

的确，猿猴可以追随同类的目光，确定彼此的想法和欲望，然后制定策略。但是，当直立人坐在火炉旁烧饭时，一些奇怪的事情第一次发生在动物身上：他们的生存依赖于互相凝视对方的眼睛。突然之间，有必要花点儿时间认真思考一下：你真正的想法是什么？你觉得如何？为什么？决定一切的不是短暂的一瞥，而是深沉的凝视。一切都变了，这是对理解的共同要求，而不是为个人利益而忙碌。这将加速原始人的大迁徙，使他们逐渐远离野外生活。

于是，直立人慢慢地学会了读取邻居的想法，理解对方脸红的样子，看对方的嘴唇是什么形状，注意对方皱眉头的表情。随着他们彼此间了解的加深，曾经的野蛮人开始产生感情，去感同身受，去判断，或者去欺骗。

不久，直立人就能指着一朵花或一个诡计多端的掠食者，向他的朋友描绘这个世界。他会对着脸上洋溢着喜悦的伙伴微笑，这位伙伴正躲在一片树叶下面避雨。当失去亲人的悲痛来临时，他可以获得同情，而不是独自承受。

模仿是猿类语言和人类语言之间缺失的一环，它可以架起一个善于探索的人和其他人之间的桥梁。由于人类生活在一起，彼此密切注视，他们会互相模仿，随着时间的推移，发展出传统和民间传说。天上闪耀的月亮、太阳、行星，还有广阔的天地、河流、岩石、树木和峡谷都是故事的素材。黄昏的气息、狼的嚎叫、风的抚触，所有这些都是人类共同的经历。慢慢地，这个群体团结起来，成为可以进行心灵交流的群体。

4 —

但是，模仿是有限度的，就像一堵巨大的墙，挡住了投向更伟大事物的视线。为了丰富人类的体验，它需要逐字地、面对面地分享：风、嚎叫和气味，岩石和峡谷，河流和树木，逐渐强壮的身体和舞蹈的藻类，苍穹和广阔的大地。所有这一切都应当深思熟虑，在感官去感受它之前。因此，上帝和无限被排除在外。

据说，基于一些合理的理由，需求成为发明之母，但也有例外。如果某一个直立人在灌木丛中看见了狮子，他会怎么做？同伴不在附近，所以无法通过指示说明野兽的存在，那么他怎样才能把潜在的危险告诉他的伙伴呢？当某个人要制作一个手斧时，他不仅想要用它来砍树，还想用它凿石头，那么他该如何向他的伙伴说明呢？他怎样才能将他内心深处的一种特殊观念形象化地表达出来呢？光依靠模仿是不够的。

因此，直立人被迫开始构建一种新技术。就像火一样，这种技术也会深刻地改变他们。有些人仍然相信，大脑中有一个特殊的器官可以完成这一任务，但这是一种社会工具，而非瑞士军刀的刀刃，它将引发一场革命。

今天我们称之为语言。

5 —

的确，动物可以识别危险，并互相叫喊以避免危险。花栗鼠面对鹰和狐狸的叫声是不同的，猴子面对雕、豹和蛇的叫声也是不同的。达尔文知道，就连植物也能通过根部的化学物质发出不同的地下信号来愉快地交流。

尽管有各种各样的啾啾叫、嚎叫、怒吼、吠叫、咕哝声和中间夹杂的各种声音，以及这样和那样的方式，但地球上的信息都与直接体验联系在一起。随着直立人的出现，另一条交流路径得以开辟。

随着语言逐渐演变成一种通用代码，它开始以一种更紧密的方式得到应用：想象这个世界，而不只是给它贴上标签。用不了多久，生活就不仅是表面化的东西了，它成为一个新领域，可以对不在场的事物进行思考，这是一个对世俗中超出感官的事物进行感受的领域。现在我们可以怀有希望，探索未来了。流言既可以用来建立忠诚，也可以破坏忠诚。最重要的是，人们的思想和心灵会比之前更敞开100万倍：把即将到来的暴风雨误认作短暂的小雨，被困在岩石上无处可去，那是一种什么感觉？看着海面上的蓝色缓缓变成橙色，又变成紫色，然后变暗，最后在晨光中再次变亮，那是一种什么感觉？即使在他的主题思想不明显的时候，现在的直立人也开始分享个人的想法。他基于自己的经历，用语言来激发朋友的想象力，这使他的世界和他们的世界开始共同成长。

很快，人们就会或多或少地相信朋友的话，即使那些话是看不见的。革命的关键是要追随另一个人的想象，不管它会走向何方。因此，我们的祖先逐渐产生了一种双重思想：第一种产生于内心体验，这种体验是私人的，也是主观的；第二种产生于社会观点，帮助个人成为群体的一部分。在试图将二者统一起来的过程中，出现了新的理解，也出现了新的困惑。有些动物具有这种双重思想的宝贵雏形，随着不断调整，这些递归符号开始发挥它们的魔力。

于是，真理诞生了。

6 —

语言带来了真理，也带来了其他结果。由于有了这些符号，人们突然更有可能与事实脱离，而不是去表现它们——只需要描绘一个微不足道的现实，但想象的空间却是无限的。因此，当其他动物只是在无关紧要的琐事上欺骗对方时，直立人已开始区分真伪。他们说，需求是发明之母，但他们大错特错了。因为谎言似乎没有解决私人或公共问题，至少最初没有。相反，当它出现时，就被人们使用。

许多科学家后来声称，为了保护人类的语言，早期的古人类需要控制谎言，如果不这样，真理就会完全崩溃，整个群体也会随之灭亡。但谎言一旦出现，就不能被约束，也不需要被约束；在许多不同的情况下，谎言是优于真相的。因此，善意的谎言、夸张、半真半假、伪证、承诺、神话都是虚构出来的，还有那些愿意或不愿意被欺骗的人。乘着想象的翅膀，小说带着它的双重光彩诞生了，人们用它们来思考一切可能的事物。

7 —

语言带来了真理，有些人甚至说语言带来了宇宙，但最终却是谎言使我们更加完整。因为导致人离开伊甸园的不是真理，而是谎言。

第15章

希望：思维的骗局

1 —

所以，每个故事都终将回到开始。

我7岁时第一次读《神话和传说的世界》，这是由罗布·麦凯格所绘、布瑞麦克思公司出版的一本彩色绘本。我像打开一个金库一样翻开它，第一个故事便是忒修斯在阿里阿德涅的毛线球的帮助下，战胜了弥诺陶罗斯。忒修斯兴高采烈地踏上了返回雅典的航程，他的情人就站在他身旁的甲板上，而他却忘记了自己对父亲许下的诺言：升起红帆，以示胜利。国王看到了黑色的船帆，以为他的儿子已死在怪物手里，于是从悬崖跳进了大海，这片海后来以他的名字命名。

代达洛斯担心米诺斯国王会大怒，于是这位弥诺陶罗斯迷宫的建筑师迅速用蜡在他儿子年轻的背上固定了白色的翅膀，并警告他逃离小岛时不要太靠近太阳。当我看到这里时，不由得屏住了呼吸。当看到伊卡洛斯掉进大海时，我伏在枕头上哭了起来。伊卡洛斯为什么不听他父亲的话呢？为什么忒修斯忘了升起红帆呢？这一切都没有答案。

神话侵入了我的梦境，我经常梦到这些故事。我简直不敢相信北方强大的绿衣骑士有如此大的勇气，在梅林的命令下骑着绿马进入卡梅洛特，挑战亚瑟王的圆桌骑士。我盯着他那把大斧头的利刃看了好几个小时，这把斧头一下子就会砍掉他的脑袋。我的思绪飞转起来：怎么会这样？他把掉下来的头装回去了吗？他是如何变成一个贵族、一个猎人，最后成为一个骑士的呢？看完这个故事，我想到：我的命运也会在某一天发生惊人的改变吗？

接着，我将书向前翻了几页。雷神托尔扔出大锤，就要砸中冈格尼尔。狡猾的洛基如何让冈格尼尔脚下的大地颤抖，把蜂蜜酒和欢乐带回瓦尔哈拉？而且，为什么神一定要打败巨人呢？

我思索着，迷惑着，却找不到答案。

2 —

我的高中老师教给我欧几里得几何、共价键的规则和热力学第二定律。我的心第一次在两个教室之间的那个青春尚在的大厅里碎了，我懊恼地发现嫉妒所产生的腐烂的毒。但我也记得，透过显微镜我是如何第一次看到了细胞和细胞内的线粒体。我喘着粗气，不敢相信自己的眼睛。我的内心再一次被填满。

后来，我和一只虎鲸在科特斯海游泳，在水下我为在战斗中失去的兄弟而哭泣。为什么老天宽恕了我而把它带走了呢？这种牺牲值得吗？我找不到答案，我也无法补救。

有一年夏天，我和乌贼一起在海边，我记录下它们是如何教对方吃螃蟹的。我坐在前厅的一扇单向窗后面，一群父母在我旁边坐立不安，此时，一位心理学家正在给他们的孩子做威尼兰社会成熟量表测试。这些父母喃喃地念着答案，从远处给他们的孩子传达有点儿吓人的鼓励，然后等待医生的“宣判”。之后，在那个著名机构的实验室里，人们试图寻找精神分裂症和强迫症的基因。

就是在那个时候，我知道了无穷大：直线上在0和1之间的点的数目要比所有自然数都多，并非所有的无穷大都相等，有些无穷大可以包含其他无穷大。怎么会这样呢？我百思不得其解。当我以为我在某一瞬间知道了答案时，洞察力却从我的指间溜走，就像流走的沙子。

3 —

我自豪地走进大学，汲取知识。我了解了波斯天文学家花拉子密的历史，他发明的规则为我们的机器算法奠定了基础；还有丹麦地质学家尼古拉斯·斯泰诺，他站在远古的角度解读地球。我汲取了启蒙运动的精神，并试图去理解卢德分子是怎么想的。麦克斯韦在以太中发射电磁波，迈克耳孙和莫雷却证明以太是不存在的。这里有德国的施莱登、施万、菲尔绍以及他们的细胞理论，特斯拉的发明，提高了成本效益的哈伯，以及与疾病对抗的免疫学专家埃黎耶·埃黎赫·梅契尼可夫。这里还有一些人直击他人的内心深处：那个被驱逐的美国人试图解开利他主义的谜题；一个来自马德拉斯的自学成才的数学天才对剑桥的老师们充满了敬畏，但可惜英年早逝。

我仔细阅读了哲学家的著作，关于二元论与还原论、上帝与无限、形而上学、语言以及思想的局限。我也读到了亚里士多德、卢克莱修、迈蒙尼德、毗耶娑、皮科·米兰多拉、莱布尼茨、斯宾诺莎、洛克、休谟、贝克莱主教和康德。我还读过托马斯·莫尔爵士和弗朗西斯·培根爵士描述的乌托邦，拥护注定失败的法国改革者孔多塞，以及他的同胞奥古斯特·孔德的实证主义。我从一个地方摸索到另一个地方，终于，我借助理性的翅膀找到了超越自然的希望。

但我也遇到了叔本华、扎米亚京和尼采，我艰难地读完了哥德尔不完全性定理，为克尔凯郭尔的“我信故我在”而感到震惊。我一次又一次地爱上了陷入困境的维特根斯坦。在一个雨天的博物馆里，我被罗斯科的长方形作品迷住了；后来在音乐厅里，又被让·西贝柳斯的小提琴协奏曲迷住了。我的生活越宽广，我看到的变化就越多，我坠入爱河，又有了孩子。就像伊卡洛斯一样，现代世界飞得越高，在我看来，它的翅膀熔化得越快。当然，那时人们的寿命更长了，战争也少了，被社会抛弃的人有了权利，可以全球旅行，知识唾手可得，也有了物联网。但同时出现了大规模杀伤性武器、极端宗教团体、严重的不平等、生态灾难、政府与企业监控、难民和疾病的持续传播等问题。“风险社会”产生了连它自己都无法预料的结果，于是，一种怀疑开始从救赎的缝隙中渗透出来：前进的步伐能解决所有难题吗？它真的会将我们的梦想变为现实吗？

我总是把这些神话藏在心里，因为神话能给我更大的安慰和更多的智慧。

4 —

当我还是个孩子的时候，我们会在夏天去看望住在纽约的祖母。我的姐姐非常兴奋，因为那里有百老汇剧院、小商店、餐馆、书店。但对我来说，中央公园西路和第79街的美国自然历史博物馆则让我心跳加速，它的门口矗立着一座骑在大马上的西奥多·罗斯福的铜像。当我走过大厅时，整个世界仿佛在我身后渐渐消失，拱顶的回声变得微弱，只剩下我和化石在交流。我抬头看着翼龙，它长着十分滑稽的冠和喙，还有那无名指，伸展着支撑它的滑翔翼。我加快了脚步，因为海洋生命大厅的蓝色闪光变得清晰可见，我知道自己很快就会见到我的老朋友——鲸鱼，它就悬在我面前的半空中。后来，我呆呆地站在从非洲来的一对矮胖的夫妇面前，男人将毛茸茸的手搭在女人的毛茸茸的肩膀上，留下了他们300万年的足迹。这些真的是我的祖先和我祖父母的祖先吗？我盯着它们看了好几个小时，它们就像恒星视差一样神秘。

我们是从简单的生命形式进化而来的。我们的阑尾曾经帮鱼儿漂浮，我们的尾骨曾帮助猴子荡秋千……现代人嘴里的智齿和嗅觉的假性基因都讲述着同一个故事：我们是有历史的，不是凭空冒出来的。在我们成为我们之前，我们是不同的，但也有些相似之处。在那之前，我们只是某种蜗牛。

渐渐地，我了解了这个故事。古核生物和细菌先于我们产生，但在它们之前可能是核酶。在无法预测未来的情况下，生命之树的树枝开始向四面八方生长，像灌木丛一样。细胞放弃了自主性，聚集在一起形成了复杂的生命形式；由于一种微米级别的神经共生体，性疯狂地滋生；尽管性是进化的奴仆，但它将不可避免地导致我们自身的灭亡。身体获得了神经网络，神经网络获得了记忆，记忆创造了语言，还有会思考的大脑。陆地上的生命来自海岸边；然后，一些生物腾空而起，另一些则像归来的鬼魂一样跳回水中。我们不是第一种拥有渴望、做出牺牲、交流、飞翔或合作的生物。但不知怎么回事，从产甲烷菌到三叶虫，从四足动物到古人类，我们步行来到这里。

我们的祖先挤在篝火旁，他们发生了改变。为了和睦相处，他们别无选择，只能建立信任。罪恶感由此诞生，随着罪恶感的增加，惩罚也随之而来，还有同理心。慢慢地，在像涟漪一样不断扩大的圈子里，自我让出了位子。随着基因、激素、生理和解剖学的进化，在与文化的永恒反馈中，巨大的变化戏剧性地发生：认知产生话语，相聚带来心灵上的沟通、同理心、道德、记忆，以及明天的可能性。随着时间的推移，哲学诞生了，乘着想象力的翅膀又诞生了文学和诗歌。技术迅速发展，提供了将所有黏合在一起的黏合剂：文字与法律、宗教与货币也诞生了。不久，这个部落就变成了村庄、城市、国家和全世界。生活中的小谎言变成了宏大的系列故事，在某一天我们会称之为神话。

5 —

每逢星期五下午，我都会步行来到耶路撒冷山上的一个冷泉边。我坐在柏树和松树下，思绪飘忽不定。

我明明知道，我们的行星围绕太阳旋转，太阳是银河系中数十亿颗恒星中的一颗。1 000亿种已知星系在宇宙中只是冰山一角，我们137.99 ± 0.21亿岁的宇宙可能只是无限多个宇宙中的一个，每一个宇宙都是一个泡沫，且永远不会在另一个维度上相遇。我也知道，将近40亿年前，地球上出现了生命起源前的化学物质；我们是那棵大树上的一个小树枝，是非洲某一种灵长类动物的后代；我们在历史晚期发展了农业、政府、文字。

难道世界上所有宗教和文化的信仰不都是错误的，它们关于起源的理论只不过是幼稚的幻想？难道预言和启示、教条和传统不应该被当作虚假知识的源泉而被摒弃吗？

我能感觉到温暖的风吹拂着我的耳朵，太阳在西下的时候爱抚着我。但是，我的体内却有风暴在咆哮。我们的直觉在空间、物质、时间和因果关系上，在巨大和微小的尺度上欺骗了我们，这一点难道没有得到证实吗？概率法则和认知机制之间的差异有助于解释我们对巧合的怀疑，为什么我们会相信预兆和诅咒、报应和祈祷呢？难道我们没有认识到，尽管如此，我们仍不够理性，并偏离了可预测的理性道路吗？无论如何，这种理性只是获得经验的众多方法之一，我们只能通过进化传递给我们的感觉来了解这个世界。因此，现实对我们来说永远是不透明的，我们与真理的关系是一条渐近线，就像单相思一样。

我养成了猜想和反驳的习惯。我认为，不管我们有什么样的信念，我们今天认为正确的东西明天肯定会崩溃。因此，科学也只是短暂的权威。应该就是这样，我会让自己冷静下来。不管怎样，生活中还有很多我们不知道的东西。

最后的结论是，我们人类是混血儿，就像利西亚的喷火奇美拉一样，行走在我们生命的堤岸上。因为我们不像蚂蚁，还没有完成我们的转变，集体还没有征服自我，至少现在没有。我们的一半是自私的，一半是善良的，我们的善良反过来是残酷和充满着骑士精神的，同时充满信任和怀疑。我们夹在证据与融合之间，是一个矛盾的超个体，是蚂蚁羡慕的对象，也是它们的笑柄。因此，就像雅努斯一样，我们具有两面性。罗马人将雅努斯奉为开端和结局之神是合宜的，它是一位门户总管。这是大自然的报复，是我们各种祝福的遗产：无限是没有边界的，但我们是有限的。

我们在内心与外部世界、自由与归属、群体与自我、逻辑与荒谬、意义与不重要之间挣扎，与希望同行。我知道，支配物质世界的法则包括意外、疾病和运气，天意和命运都是虚构的产物。

所以，我会坚守我的神话，作为对这一切的安慰。我会小心翼翼地向科学低头，但也会留意那些珍贵的传说。当我前进的时候，我也会磕磕绊绊，无法从经验中学习更多。我将展翅高飞，坠入爱河，做出牺牲，彻底绝望，然后再一次找到信仰。很多时候，我会屈服于傲慢，或者暴食和贪婪。因为我是一个人，就像你一样，我记得过去，我也梦想着永生。在一个不在乎我的宇宙里，总有一天我也会成为过去。

6 —

当我哄孩子睡觉时，我会给他们讲神话和故事。他们尚年幼，但他们的思想很鲜活。

他们闭上眼睛，用小手指卷绕着我的手指；就在他们即将滑入梦境的时候，我悄声说……

记住这些，我的宝贝，而且要和这些神话故事一起成长。

这些故事从未发生，却永恒存在。

/ 延伸阅读 /

神话的世界既奇妙又广阔，其中与进化相关的资料，几乎不可能全部引用。然而，在世界神话的洞穴里，仍有一些不可或缺的向导，比如威廉姆·多蒂的《神话学：神话与仪式研究》(William G. Doty, *Mythography: The Study of Myths and Rituals*, Alabama University Press, 2000)，柯克的《神话：它在古代和其他文化中的意义和作用》(G. S. Kirk, *Myth: Its Meaning and Functions in Ancient and Other Cultures*, Cambridge University Press, and University of California Press, 1970)，卡伦·阿姆斯特朗的《神话简史》(Karen Armstrong, *A Short History of Myth*, Canongate, 2005)，翁贝托·埃科用希伯来语写作的《异境之书》(Umberto Eco, *Storia delle Terre edei Luoghi Leggendari*, Bompiani, 2013)。我认为同样不可或缺的还有6部经典著作，它们分别是：约瑟夫·坎贝尔的《千面英雄》(Joseph Campbell, *The Hero with a Thousand Faces*, Bollingen Foundation/Pantheon Books, 1949),

布罗尼斯拉夫·马林诺夫斯基的《魔法、科学、宗教和其他随笔》(Bronislaw Malinowski, *Magic, Science and Religion and Other Essays*, The Free Press, 1948)，米西亚·埃利亚德的《神、女神和创造的神话》(Mircea Eliade, *Gods, Goddesses, and Myths of Creation*, Harper and Row, 1974)，布鲁诺·斯奈尔的《心灵的发现》(Bruno Snell, *The Discovery of the Mind*, Harvard University Press, 1963)，克劳德·列维–斯特劳斯的《生与熟：神话科学导论》(Claude Lévi-Strauss, *The Raw and the Cooked: Introduction to a Science of Mythology, Vol. 1*, 1964; Harper and Row, 1969)，詹姆斯·弗雷泽的《金枝》(James Frazer, *The Golden Bough*, 1890; new abridged ed., Oxford University Press, 1994)。围绕这些不朽的作品一直有许多争论，甚至批评，但它们仍然是研究神话的试金石。

孩提时代，我对《神话和传说的世界》(*The World of Myth and Legend*, Brimax Books, 1980)、伊迪丝·汉密尔顿的《经典神话：永恒的神与英雄故事》(Edith Hamilton, *Mythology: Timeless Tales of Gods and Heroes*, Little, Brown, 1942; Back Bay, 1998)、奥维德的《变形记》(*Metamorphoses*)，还有《圣经·旧约全书》，尤其是《创世记》中的故事爱不释手。后来我发现，企鹅出版社出版过一系列带注释的世界神话，包括《印度教神话》《威尔士民间故事》《一千零一夜》等。除了经典作品，卡农盖特出版社委托了一些当代作家，包括奇努阿·阿奇比、玛格丽特·阿特伍德、戴维·格罗斯曼、A. S. 拜厄特和珍妮特·温特森，创作出一系列出色的作品，对古老神话进行了现代演绎。同样，特德·休斯和罗伯托·卡拉索分别在《奥维德故事集》（Ted Hughes, *Tales from Ovid*, Farrar, Straus and Giroux, 1997）和《卡德摩斯与哈莫尼的婚姻》（Roberto Calasso, *The Marriage of Cadmus and Harmony*, Knopf, 1993）中，以自己的独到方式对经典故事进行了现代演绎。伊塔洛·卡尔维诺在美妙的《宇宙经济学》（*Cosmicomics*）一书中开辟了自己的道路。《物性论》（*De Rerum Natura*）写于1世纪，罗马的伊壁鸠鲁派思想家卢克莱修在这本书里教我如何把宇宙看成一首诗。达尔文多才的祖父伊拉斯马斯在他的《自然神庙，或社会的起源》（Erasmus Darwin, *The Temple of Nature; or, The Origin of Society*, J. Johnson, 1803）中让我开怀大笑。这些故事和许多其他故事，无论新旧，都起到了鼓舞人心的作用。

本书关注的是科学的真理，我在脑海中就许多问题与已故的奥地利哲学家保罗·费耶阿本德展开了辩论，他就是一只牛虻。在《反对方法：无政府主义知识论纲要》（Paul Feyerabend, *Against Method: Outline of an Anarchistic Theory of Knowledge*，New Left Books, 1975; Verso, 4th ed., 2010）一书中费耶阿本德声称，尽管科学家和哲学家要严格分离科学和非科学形式的知识，但实际上这样的分离只是一种幻想。科学的历史表明，理性科学没有固定的进步方法。这使某些读者及其他人感到震惊和恐惧，但这也意味着我们不能认定科学就比其他事物更优越。人们在费耶阿本德死后发现了他的《自然哲学》(Paul Feyerabend, *Philosophy of Nature*, Polity Press, 2016)，在这本书中他追溯到穴居人和远古时代，证明为什么这是正确的。

这本书中的神话取材于我们这个时代的科学，始于时间的诞生。有许多关于宇宙诞生和太阳系历史的通俗读物。菲利普·莫里森的《十的次方：宇宙中事物的相对大小》(Philip Morrison, *Powers of Ten: About the Relative Size of Things in the Universe*, Scientific American Books, 1990)一书首先提供了一种颠覆性的视角，带领读者从10亿光年之外的地方踏上了一段神奇的旅程，来到了原子领域。卡尔·萨根的《宇宙》(Carl Sagan, *Cosmos*, Random House, 1980)是一部经典作品，但有些过时，改编自他20世纪70年代拍摄的著名电视纪录片。戴维·J. 艾歇尔为我们带来了《新宇宙：回答天文学的重大问题》(David J. Eicher, *The New Cosmos: Answering Astronomy's Big Questions*, Cambridge University Press, 2016)。

丽莎·兰道尔的书《暗物质与恐龙：宇宙万物的互联》(Lisa Randall, *Dark Matter and the Dinosaurs: The Astounding Interconnectedness of the Universe*, Ecco, 2015)是将宇宙学与地球生命联系起来的一次迷人的尝试。最近，肖恩·卡罗尔在《大图景：生命起源、意义和宇宙本身》(Sean Carroll, *The Big Picture: On the Origins of Life, Meaning, and the Universe Itself*, Dutton, 2016)一书中阐述了他对这一问题的看法。兰道尔和卡罗尔都是物理天文学家。在许多由生物学家写作的关于地球上生命进化的杰出作品中，尼克·莱恩的《生命的跃升：40亿年演化史上的十大发明》（Nick Lane, *Life Ascending: Ten Great Inventions of Evolution*, W. W. Norton, 2009）因为其清晰和引发思考的建议而成为解释进化论的“精选”版本，他最近的作品是《生命之源》（Nick Lane, *The Vital Question: Energy, Evolution, and the Origin of Complex Life*, W. W. Norton, 2015）。

20多年前，约翰·梅纳德·史密斯和埃尔斯·沙斯玛丽合著的《进化中的重大转变》（John Maynard Smith and Eörs Szathmáry, *The Major Transitions in Evolution*, Oxford University Press, 1995）一书引发了大量讨论，人们认为生命的进化可被视为信息存储方式的进化和传播。这个想法在《重论进化的重大转变》（Brett Calcott and Kim Sterelny ed., *The Major Transitions in Evolution Revisited*, MIT Press, 2011）中被重新审视，两位编者将一系列个性化方面的转换作为重点，从自我复制分子的个性化直至染色体、基因、生物组和血统的个性化。关于转变的话题还没有定论，这两本书都值得一读。彼得·沃德和乔·克什维克的《生命的新历史：对地球上生命起源和演化的新发现》（Peter Ward and Joe Kirschvink, *A New History of Life: The Radical New Discoveries about the Origins and Evolution of Life on Earth*, Bloomsbury, 2015）在理论上并不那么具有挑战性，但仍然提供了大量信息，为理查德·福提的《生命简史：地球生命40亿年的演化传奇》（Richard Fortey, *Life: A Natural History of the First Four Billion Years of Life on Earth*, Knopf, 1997）提供了补充和更新。安德

鲁·H. 诺尔的《在一个年轻星球上的生活：地球上30亿年的进化》（Andrew H. Knoll, *Life on a Young Planet: The First Three Billion Years of Evolution on Earth*, Princeton University Press, 2003; updated ed., 2015）也很精彩。理查德·道金斯和黄可仁在新版《祖先的故事：生命起源的朝圣之旅》（Richard Dawkins and Yan Wong, *The Ancestor's Tale: A Pilgrimage to the Dawn of Evolution*, Mariner Books, 2016）中以达尔文主义为中心的论述同样精彩。

尽管被视为一个很大的禁忌和绝对错误，科学家还是常常把分子、有机体甚至方程当作一个媒介。情况并不总是如此。几个世纪以来，精神和物质被认为是不可分割的，而媒介是对物理和自然世界的科学描述的必要组成部分。若要了解人们如何抛开媒介研究生命科学，以及持异议者的持续不断的声音，请参阅杰西卡·里斯金的《永不停歇的时钟：机器、生命动能和现代科学的形成》（Jessica Riskin, *The Restless Clock: A History of the Centuries-Long Argument Over What Makes Living Things Tick*, University of Chicago Press, 2016）。

随后的文献提供了更具体的科学参考资料，包括书籍、文章、网站等，这些资料为神话的写作提供了信息，并有助于将其置于不同的语境中。虽然这些只是更大范围研究的代表，但对扩展知识感兴趣的读者也可以把它们作为跳板，以便更深入地了解。

第 1 章

关于宇宙还有什么是没说过的？有很多流传下来的说法，包括：它是口述的而不是记录下来的（克里斯托弗·莫利）；宇宙有一个连贯的计划，但究竟有什么计划，我们也不知道（弗雷德·霍伊尔）；在唐人街找出口就已经难倒我们了，奇怪的人们居然想要“知道”宇宙是怎么一回事（伍迪·艾伦）。我最喜欢的是道格拉斯·亚当斯说过的一句话：“有一种理论认为，如果有人确切地发现了宇宙存在的目的和原因，他就会立即消失，这种说法随后也会被更奇怪、更难以解释的说法所取代。”有一种理论认为一切都已经发生过了。

长久以来，宇宙的起源和范围仍然是一个谜，事实上我们必须感谢那些美丽的古代神话。最近，物理学和天文学领域令人激动的发展已经开始发出光芒。利用理论和实验，包括欧洲核子研究组织的大型强子对撞机（有史以来最大的实验设计）进行的实验，科学家现在越发相信，他们能够解释宇宙自所谓的大爆炸之后的演化过程。他们精确解析了每一刻发生的事情：

- 普朗克时期（$<10^{-43}$秒）：由量子引力主导的时代；
- 大一统时期（$<10^{-36}$秒）：引力逃脱，其他三种力仍然捆绑在一起，第一个元素粒子和反粒子开始形成；
- 膨胀时期（$<10^{-32}$秒）：宇宙在空间中以10^{26}的系数扩张，宇

宙温度极低，强核力从弱核力中分离；

- 夸克时期（>10^{-12}秒）：作用力已经分开，但是温度过高，夸克无法结合形成强子；
- 强子时代（10^{-6}~1秒）：夸克结合形成强子，反强子被淘汰；
- 轻子时期（1~10秒）：轻子和反轻子保留在热力学平衡中，中微子退耦；
- 大爆炸原初核合成（10~10^3秒）：质子和中子结合成原初核；
- 光子时期（10^3秒~380 000年）：宇宙是原子核、电子和光子的等离子体，由于温度过高，电子和原子核无法结合；
- 重组时期（380 000年）：电子和原子核结合形成中性原子，光子不再与物质共存于热平衡中，宇宙变得透明，宇宙微波背景辐射光子形成；
- 黑暗时期（380 000~1.5亿年）：重组时期和第一颗恒星形成之间的时期，自大爆炸之后的数百万年和数十亿年分别以百万年（Ma）和十亿年（Ga）表示；
- 再电离时期（150 Ma~1 Ga）：最早的"现代"第三星族星形成；
- 星系形成和演化时期（1 Ga~10 Ga）：星系合并成星系团和超星系团；
- 暗能量主导时代（>10 Ga）：物质密度下降到暗能量密度以下，空间扩张速度加快，太阳系形成，生命进化开始。

想要更多地了解这些惊人的发现，请参考加州理工学院宇宙学家肖恩·卡罗尔的《暗物质、暗能量：宇宙的黑暗面》系列课程，该系列课程由教学公司于2007年推出。关于宇宙大爆炸后的瞬间的重建，详见报道《闭嘴，去测量：与布赖恩的对话》（“Shut Up and Measure: A Conversation with Brian G. Keating,” *The Edge*, October 20, 2017）。

以上解释了大爆炸之后宇宙是如何演化的，但对于大爆炸之前发生了什么，正如大多数外行人凭直觉所知，仍然是未解之谜。在爆炸之前有物质存在吗？真的会有什么东西凭空而来吗？这些都是我们提出的理论存在的问题，我们还不知道答案，也许永远也不会知道。想要了解这个想法的诞生和它长期以来的晦涩难懂，请阅读西蒙·辛格的书籍《大爆炸简史》（Simon Singh, *Big Bang: The Origin of the Universe*, Fourth Estate, 2004）。这本书写得很好，也很有趣。如果你想阅读更多关于什么导致了大爆炸和不断膨胀的宇宙的奥秘，可以阅读迪莉娅·珀洛夫和亚历克斯·维伦金的书籍《好奇的宇宙学》（Delia Perlov and Alex Vilenkin, *Cosmology for the Curious*, Springer, 2017），他们一直是“无中生有”观点的拥护者。

我们能站在这里简直是奇迹，至少看起来是这样。“宇宙常数”严格来讲是真空空间的能量密度，但它实际的意义是，如果我们将物理定律纳入考虑范围，那么我们能够出现在这里的概率小之又小，几乎是不可能的。一种可以解释（有人说是摆脱）“宇宙常数”捕捉到的这种令人生畏的意外的方法是，假设宇宙是由弦构成的。有关弦论的精彩通俗的论述，请参阅布赖恩·格林的《宇宙的琴弦》(Brian Greene, *The Elegant Universe: Superstrings, Hidden Dimensions, and the Quest for the Ultimate Theory*, W. W. Norton, 2004; new edition, 2010)。格林也在《隐藏的现实：平行宇宙是什么》(Brian Greene, *The Hidden Reality: Parallel Universes and the Deep Laws of the Cosmos*, Knopf, 2011) 中解释了为什么弦论意味着多元宇宙。但重要的是弦论及其与多元宇宙的关联是有争议性的：人们仍然在很大程度上用一个优雅但未经证实的数学方法来解决真实世界的问题，这个问题也许是世界上已知的、在人类的大脑和意识中最难的问题。物理学家约翰·阿奇博尔德·惠勒曾回忆起一位同事的建议："永远不要追赶公交车、异性或宇宙学理论，因为几分钟内就会出现下一个。"也有一些批评弦论的作品，比如彼得·沃特的《甚至没有错：弦理论的失败和在物理定律中寻求统一》(Peter Woit, *Not Even Wrong: The Failure of String Theory and the Search for Unity in Physical Law*, Basic, 2006)。

就我们所知，宇宙学也许和其他科学领域一样，正在以前所未有的速度发生着变化。作为一本关于人类试图揭开天堂秘密的通俗史书，阿瑟·库斯勒的经典著作《梦游者：人类宇宙观变更史》(Arthur Koestler, *The Sleepwalkers: A History of Man's Changing Vision of the Universe*, Macmillan, 1959) 是绝无仅有的。关于埃德温·哈勃的历史作用，请阅读盖尔·克里斯琴森的作品《星云世界的水手》（Gale E. Christianson, *Edwin Hubble: Mariner of the Nebulae*, Farrar, Straus and Giroux, 1995）。除了哈勃之外，我们还可以了解爱因斯坦、勒梅特、爱丁顿等人，参见玛西亚·巴尔图什克的书《我们发现宇宙的那一天》（Marcia Bartusiak, *The Day We Found the Universe*, Pantheon, 2009）。科学记者阿尼尔·阿南塔斯瓦米的《物理学的边缘：通往地球两极、揭开宇宙秘密的旅程》（Anil Ananthaswamy, *The Edge of Physics: A Journey to Earth's Extremes to Unlock the Secrets of the Universe*, Houghton Mifflin Harcourt, 2010）一书有趣地介绍了当今文学家的成就，并揭示了如今还有多少未解的谜题。

第 2 章

佛说："有三件事是不能长久隐藏的：太阳、月亮和真理。"这句话也许是对的。但是，要弄清楚地球是不是宇宙的中心确实需要一些时间，而且，一旦我们知道地球绕着太阳转，太阳就不会是所有事物的中心了。理查德·科恩的《追逐太阳：给予我们生命的恒星的史诗故事》（Richard Cohen, *Chasing the Sun: The Epic Story of the Star That Gives Us Life*, Random, 2010）是一本关于太阳在神话、语言、宗教、科学、艺术、政治和医学中的作用的广泛而有趣的文学历史书。

大多数人都认为是哥白尼率先提出了日心说，但他们错了，古希腊天文学家阿里斯塔克才是日心说的创始人。当日心说最终在17世纪取代地心说时，太阳系仍被视为宇宙的中心；放弃人类在创世方面的特殊地位并不容易。令人惊讶的是，太阳在银河系中位置的移动直到几个世纪后的1993年才被确定下来，请参考M. J. 海德的《到星系中心的距离》(M. J. Reid, "The Distance to the Center of the Galaxy," *Annual Review of Astronomy and Astrophysics* 31:345–72, 1993)。

当梭罗在池塘边凝视并写下《瓦尔登湖》的最后几句话时，他认为自己是对的，"那些遮挡住我们眼睛的光，对我们来说就是黑暗。只有当我们醒着的时候，黎明才会到来。会有更多的黎明，太阳只不过是一颗晨星"。事实上，我们已经从科学中了解了很多关于那处自发光源的起源。要全面了解太阳系的起源和演化，包括所有行星（以及矮行星冥王星），请阅读迈克尔·伍尔夫森的《太阳系的起源与演化》(Michael M. Woolfson, *The Origin and Evolution of the Solar System*, Institute of Physics Publishing, 2000)。

太阳是由什么组成的，它是如何形成的，它要去哪里，这些都已不再神秘。尽管如此，最近的一项发现给了我们停下来思考的空间。美国加州理工学院的研究人员提出，太阳系中可能存在神秘的第九颗行星。伊丽莎白·贝利、迈克·布朗和康斯坦丁·拜提金认为，由于这颗行星的存在，太阳相对于环绕它运行的行星的平面倾斜了6度（Elizabeth Bailey, Mike Brown, and Konstantin Batygin, "Solar Obliquity Induced by Planet Nine," *Astronomical Journal* 152:156, 2016）。这是一个令人震惊的新发现，彻底改变了人类对于地球的众多邻居的看法。但是，还没有人观测到"第九颗行星"（有时被称为"X行星"）。

要想得知当今更多关于太阳系的研究进展，请关注美国国家航空航天局的官方网站。

第3章

詹姆斯·乌雪主教对地球的年代测定一直受到我们这个时代的嘲笑。在杰罗姆·劳伦斯和罗伯特·埃德温·李于1955年首次公演的戏剧《风的传人》（*Inherit the Wind*）中，在特里·普拉切特和尼尔·盖曼合著的奇幻小说《好兆头》（Terry Pratchett and Neil Gaiman, *Good Omens*, Gollancz, 1990）中，都戏谑地指责乌雪的估算晚了一刻钟。但是，你可以读读史蒂芬·杰伊·古尔德《八只小猪：博物史的反思》（Jay Gould, *Eight Little Piggies: Reflections in Natural History*, W. W. Norton, 1993）中的一篇文章《落入乌雪之家》（*Fall in the House of Ussher*），他与其他人的评价不太相同，展示了乌雪的推算对于那个时代来说是值得敬佩的，而且令人印象深刻。

在19世纪和20世纪初期，地质学家阿瑟·霍姆斯、开尔文、卢瑟福和其他许多人就地球年龄进行了集中的争论，详见谢里·刘易斯的《约会游戏：一个人关于寻找地球年龄的研究》(Cherry Lewis, *The Dating Game: One Man's Search for the Age of the Earth*, Cambridge University Press, 2000)。

几千年来，月球的起源一直是个谜。直到20世纪40年代，雷金纳德·A. 戴利才在《月球的起源及其地形》(Reginald A. Daly, "Origins of the Moon and Its Topography," *Proceedings of the American Philosophical Society* 90:104–19, 1946) 中提出，月球是由于地球受到的一次小行星撞击形成的。但戴利的想法或多或少被忽视，直到威廉·哈特曼和唐纳德·R. 戴维斯在《卫星大小的星子与月球起源》(William K. Hartmann and Donald R. Davis, "Satellite-Sized Planetesimals and Lunar Origin," *Icarus* 24:504–14, 1975) 中回顾了这一观点。接着，阿里斯泰尔·G. W. 卡梅伦和威廉·R. 沃德发表了《月球的起源》(Alistair G. W. Cameron and William R. Ward, "The Origin of the Moon," *Abstracts of the Lunar and Planetary Science Conference* 7:120–22, 1976)。很难想象，像月球起源这样的基础性问题，竟然是在大约40年前才找到了答案：人类在月球上行走时，还不知道它是从哪里来的。同样难以理解的是，月球曾经在天空中显得更大，白天也曾更短，而且它正在以指甲生长的速度慢慢地远离我们。那颗与地球相撞的火星大小的原行星在2000年被命名为忒伊亚，忒伊亚是由英国地球化学家亚历克斯·哈利迪根据诞下月亮女神塞琳娜的泰坦女神命名的。

有关忒伊亚、地球和月球起源之间关系的最新信息，请参见丹尼尔·荷华茨等人的文章《月球岩石中巨大撞击体忒伊亚的识别》（Daniel Herwartz et al., “Identification of the Giant Impactor Theia in Lunar Rocks,” *Science* 344:1146–50, 2014），以及爱德华·D. 杨的文章《形成月球的巨大撞击中剧烈混合的氧同位素的证据》（Edward D. Young et al., “Oxygen Isotopic Evidence for Vigorous Mixing During the Moon-Forming Giant Impact,” *Science* 351:493–96, 2016）。

虽然大撞击理论目前已然成为共识，但仍存在一个问题：如果有一颗行星撞击地球，进而创造了月球，人们会认为月球的组成大约有1/5像地球、4/5像忒伊亚。然而，地球和月球几乎是由相同的物质构成的，这一直困扰着大撞击理论的拥护者。另一种理论则认为，小型“星子”多次撞击地球，将地球的物质抛入太空轨道，随后这些物质逐渐聚集在一起形成“小卫星”，它们再聚集在一起形成月球。这个理论存在了一段时间，并且在最近的一项研究中得到了印证。根据这一理论，在数百万年的时间里，有很多小卫星与月球逐渐合并成为我们的月球。换句话说，月球的形成与地球自身的生长在很大一部分上应有重叠。如果这是真的，也许其中的母爱则意味着完全不同的东西。要了解更多信息，请参见哈卢卡·胡夫、欧德·阿哈若松和哈盖·B. 佩列茨的《月球的多重撞击源》（Raluca Rufu, Oded Aharonson, and Hagai B. Perets, “A Multiple-Impact Origin for the Moon," *Nature Geoscience* 10:89–94, 2017)。科学一如既往地不断前进。

关于水从外太空进入地球的有趣可能性，请参见凯瑟琳·奥特韦格等人发表在《科学》杂志上的《67P/丘留莫夫–格拉西缅科彗星，高D/H比值的木星家族彗星》(Kathrin Altwegg et al., "67P/Churyumov-Gerasimenko, a Jupiter Family Comet with a High D/H Ratio," *Science* 347:1261952, 2015)。

月球为什么以每年3.78厘米的速度远离地球，这与力学有关。虽然月球在地球引力的作用下保持在轨道上，但它也对地球施加引力，引发地球上海洋（甚至固体在数厘米尺度上）的潮汐运动。由于地球的自转，一部分能量通过摩擦传递到月球上，推动月球进入一个稍高的轨道。如果一只长寿的虫子生活在月球上，它可能会像孩子们玩旋转木马一样体验到旋转得越快，被向外甩的感觉就越强烈。但是，潮汐提供的加速度实际上正在减慢月球的速度，它也在减慢地球的自转速度，这一现象将极其缓慢地延长我们的寿命，而且在未来很长一段时间内，还会显著地影响地球气候。

第4章

众所周知，艾伦·桑德斯曾悲叹地说，生活就是我们在制订其他计划时发生在我们身上的事情。但我更喜欢引用阿尔伯特·爱因斯坦的话："生活只有两种方式：一种是没什么奇迹可言，另一种是一切似乎都是奇迹。"

这个概念很好地概括了人们在面对如何定义生命这一长期存在的问题时的反应。目前有两本书值得一读，一本是物理学家埃尔温·薛定谔的经典著作《生命是什么》（Erwin Schrödinger, *What Is Life?*, Cambridge University Press, 1944），另一本是生物学家和历史学家米歇尔·莫朗热的《生命的解释》（Michel Morange, *Life Explained*, 2003; English translation, Yale University Press, 2008）。前者在20世纪中叶基于"遗传物质"（DNA尚未被发现）的量子和热力学物理引入了对生命的现代定义；60年后，后者阐明了定义生命的困难依然存在。

如果定义生命是困难的，那么弄清它的起源就更加困难了。关于生命起源的理论有几十种，争论十分激烈。在这里，我只关注其中几个较为重要的观点。

人们普遍认为，生命起源于地球深处的海底，在热泉喷口内部和周围。这里曾经是、现在也仍然是超凡脱俗的环境：在这里，生命的动力是硫黄，灼热的烟雾像黑色的柱子一样从海底升起，氧气无处可寻。要从技术上解释这种奇怪的环境以及它是如何孕育生命的，请阅读冈瑟·瓦赫特肖瑟发表在《科学》杂志上的文章《生命的起源：我们所不知道的生命》（Gunther Wächtershäuser, "Origins of Life: Life As We Don't Know It," *Science* 289:1307–8），以及发表在《化学与生物多样性》杂志上的文章《关于先驱生物的化学与进化》(Alert Einstein, "On the Chemistry and Evolution of the Pioneer Organism," *Chemistry and Biodiversity* 4:584–602, 2007)，还有威廉·马丁和迈克尔·J. 拉塞尔的文章《碱性热泉喷口生物化学的起源》(William Martin and Michael J. Russell, "On the Origin of Biochemistry at an Alkaline Hydrothermal Vent," *Philosophical Transactions of the Royal Society B: Biological Sciences* 362:1887–1926, 2007)。关于生命起源与岩石之间关系的一些更通俗的文章，可见纳撒尼尔·康弗的《岩石的原始肥沃性：生命的化学是地球化学的延伸》(Nathaniel Comfort, "The Primordial Fertility of Rock: The Chemistry of Life Is an Extension of the Chemistry of the Earth," *Nautilus*, December 2016)。

如果没有科学技术，就不可能找到生命起源的证据。关于阿尔文号深潜器的功绩，参见维多利亚·A. 卡哈尔的书籍《水的婴儿：阿尔文的故事》(Victoria A. Kaharl, *Water Baby: The Story of Alvin*, Oxford University Press, 1990)，以及罗伯特·昆齐格的《不安宁的海洋：探索海浪下的世界》(Robert Kunzig, *The Restless Sea: Exploring the World Beneath the Waves*, W. W. Norton, 1999)。伍兹霍尔海洋研究所有专门的阿尔文网页，你可以在此开启一次互动之旅。

少数人极力主张的生命起源于云的理论，和海底热泉喷口理论同样令人惊叹。有关这一想法的原始阐述，请参见卡尔·R. 乌斯（我们很快还会见到这个名字）的《关于地球上生命起源的建议》（Carl R. Woese, "A Proposal Concerning the Origin of Life on the Planet Earth," *Journal of Molecular Evolution* 13:95–101, 1979），以及由韦恩·R. 奥本柏克、约翰·玛莎和托马斯·沈写作的文章《云中的前生物化学》（Verne R. Oberbeck, John Marshall, and Thomas Shen, "Prebiotic Chemistry in Clouds," *Journal of Molecular Evolution* 32:296–303, 1991）。

正如人们可能猜想的那样，起源于火星的生命理论更具争议性，详情可参看克里斯托弗·P. 麦凯的《火星上生命的起源》（Christopher P. McKay, "An Origin of Life on Mars," *Cold Spring Harbor Perspectives in Biology* 2:a003509, 2010），以及约瑟夫·L. 克什维克与本杰明·P. 崴斯的《火星，生源论，还有生命的起源：一切从何开始？》（Joseph L. Kirschvink and Benjamin P. Weiss, "Mars, Panspermia, and the Origin of Life: Where Did It All Begin?", *Palaeolontologia Electronica* 4:8–15, 2002）。好奇号火星探测器自2012年8月6日登陆火星，至今已有7年的历史（你可以登录美国国家航空航天局的网站了解更多）。关于地球生命的其他可能起源，可参见马丁·J. 凡·克哈恩邓科、戴维·W. 迪米尔和塔拉·迪友科的文章《生命之泉》（Martin J. Van Kranendonk, David W. Deamer, and Tara Djokic, "Life Springs," *Scientific American* 317:28–35, August 2017），尽管这可能更类似于火星的起源（指火星上的火山池和温泉系统，而不是水下热泉喷口）。

尽管有不同的理论，但几乎所有的科学家都同意以下观点：要想跨越门槛，生存下来，化学物质需要能够复制和代谢，但这是一件不太可能的事情。

因此，无论生命从哪里开始，都需要立即解决一个看似矛盾的问题：如何同时进行复制和新陈代谢，这通常被称为鸡生蛋还是蛋生鸡的问题。DNA可以复制，但不能代谢；蛋白质可以代谢，但又不能复制。20世纪80年代，诺贝尔奖得主、生物学家沃尔特·吉尔伯特提出，如果第一批遗传分子是由RNA而不是DNA构成的，这个悖论就可以化解。在吉尔伯特的RNA世界假说中，细胞膜内可以自我复制又能够代谢的核酶（RNA的一种），可能在DNA出现之前就已经推动着生命的起源，同时发挥着鸡和蛋的作用。具体可参阅他最初发表在《自然》杂志上的文章《生命的起源：RNA世界》（Walter Gilbert, "Origin of Life: The RNA World," *Nature* 319:618, 1986），以及另一位诺贝尔奖得主托马斯·R. 切赫的文章《核糖体是一种核酶》（Thomas R. Cech, "The Ribosome Is a Ribozyme," *Science* 289:878–79, 2000）。但是RNA世界假设并非无懈可击，许多人并不认同它。最近的研究集中在实验胚胎学的作用上，甚至指出了鸡和蛋的问题根本不是悖论的可能性。想要了解更多，请参见伊扎克·非佩尔和奥德·瑞查维的《拉马克的鸡与达尔文的蛋》（Yitzhak Pilpel and Oded Rechavi, "The Lamarckian Chicken and the Darwinian Egg," *Biology Direct* 10:34–38, 2015）。

生命的生物学起源有许多相关理论，可参见伊瑞斯·弗莱的《地球上生命的出现：历史和科学概述》(Iris Fry, *The Emergence of Life on Earth: A Historical and Scientific Overview*, Rutgers University Press, 2000)，并从中了解这一学科的历史。生物化学家尼克·莱恩在他的《生命之源》一书中强调了能量在生命起源中的重要作用。同样，物理学家杰瑞米·L. 英格兰德在他发表在《化学物理杂志》的论文《自我复制的统计物理》(Jeremy L. England, "Statistical Physics of Self-Replication," *Journal of Chemical Physics* 139:121923, 2013) 中提出了一种关于熵的研究方法，许多人都对此很感兴趣，但迄今为止还没有发现任何证据。科学家关于如何定义生命的本质一直争论不休。其中一个引人注目的理论框架描述了从无生命物质到生命的过渡，其特征是获得无限的遗传潜能，可参见由梯波尔·甘地写作、由杰姆斯·格利斯梅尔 (James Griesemer) 和爱洛斯·赛特马瑞 (Eörs Szathmáry) 注解的《生命原理》(Tibor Gánti, *The Principles of Life*, Oxford University Press, 2003)。但是，遗传可能一开始就不是以基因形式实现的。在维拉·瓦萨斯等人的《基因之前的进化》(Vera Vasas et al., "Evolution Before Genes," *Biology Direct* 7:1, 2012) 中，有一种进化情景关注的是在完全成熟的细胞和模板复制之前积累的复杂的化学物质。这些都是最近流传的一些比较诱人的理论。正如你感觉到的，这个谜题尚未解开。

无论是在陆地上、在火星上，还是在深海中，无论最初是由

RNA或蛋白质产生，还是由热力学或基础化学产生，生命的起源都属于“突变”的偶然事件。突变提供了许多使进化成为可能的变异，这在根本上是神秘的，过去发生的一切毫无计划，现在发生的事情也并不在计划之中。没有偶然，我们知道的生命将不会存在。因此，偶然的因素不可或缺。

最重要的是，突变给我们上了重要的一课：无论我们多么希望事实是另一种情况，我们现在都对未来一无所知。当一切就绪时，未来存在的原因就在于它的不可预测性。

第5章

生命的起源仍然神秘，同样，关于我们星球生命形式的早期进化也有许多理论。科学家过去认为，早期生命有一个清晰的系谱：从细菌和真核生物这两个不同的生命领域开始，所有其他生命都在两个不同的分支中进化。但是，由于卡尔·乌斯在20世纪60年代的开创性工作，第三个也是最古老的领域——古核生物被发现了，事情变得更加复杂。关于细胞起源，请参见卡尔·乌斯的《细胞的进化》（Carl R. Woese, “On the Evolution of Cells,” *Proceedings of the National Academy of Sciences* 99:8742–47, 2002）；关于生命的早期系统发育，可参见卡尔·乌斯和G. E. 福克斯的《原核领域的系统发育结构：最初的王国》（C. R. Woese and G. E. Fox, “Phylogenetic

Structure of the Prokaryotic Domain: The Primary Kingdoms," *Proceedings of the National Academy of Sciences* 74:5088–90, 1977)。事实证明，最终进化成地球上所有复杂的多细胞生命形式（包括人类在内）的真核生物，在遗传性上与古核生物非常接近，甚至可能起源于古核生物。这使得一些研究人员认为只存在两个主要的生命领域，详见汤姆·A. 威廉姆斯等人写作的《真核细胞的古细菌起源支持两大生命起源理论》(Tom A. Williams et al., "An Archaeal Origin of Eukaryotes Supports Only Two Primary Domains of Life," *Nature* 504:231–36, 2013)。这些关于分类的争论，在某种程度上，也是关于语言的争论。但是，这些领域之间的关系究竟是怎样的呢?

水平基因转移（HGT）理论认为，这两个（后来是三个）领域的系谱由于彼此之间的DNA横向交换而变得复杂。生命刚开始时似乎是网状物，而没有形成世系。细胞膜诞生之时还没有形成防御系统，而且是可渗透的，细胞内的稳态功能还相当初级。由于自我与环境几乎没有什么区别，所有生物在相遇后都只是将它们的遗传物质合并而已。随着个性变得更加突出，这种情况开始改变。也就是在那个时候，性菌毛开始进化，早期的生物体通过它将自己的DNA传递给其他生物，包括遗传物质转录本，它可以使受体自身构建一个性菌毛。10亿年后，在真核生物中，细胞核第一次把DNA隔离在内部，改变了生物体之间排列和交换遗传物质的方式，并引入染色体、减数分裂和性别。

遗传物质的交换经历了戏剧性的演化，刚开始是完全混杂的，后来变为互为条件，最后依赖于交配，并越来越复杂。要了解更多关于早期生命的网络，以及水平基因转移在生物学中的作用，可见玛丽亚·布科斯·戈加滕、J. 皮特·戈加滕和洛林·奥兰曾斯基的作品《水平基因转移：变化中的基因组》(Maria Boekels Gogarten, J. Peter Gogarten, and Lorraine Olendzenski, eds., *Horizontal Gene Transfer: Genomes in Flux*, Humana Press, 2009)。有关真核生物水平基因转移的详细信息，请参见帕特里克·J. 科灵和杰弗瑞·D. 帕默发表在《自然基因评论》上的《真核生物进化中的水平基因转移》(Patrick J. Keeling and Jeffrey D. Palmer, "Horizontal Gene Transfer in Eukaryotic Evolution," *Nature Reviews Genetics* 9:605–18, 2008)。若要从历史和哲学的角度看，可参见卡尔·乌斯的文章《新的世纪，新的生物学》(Carl R. Woese, "A New Biology for a New Century," *Microbiology and Molecular Biology Reviews* 68:173–86, 2004)。

关于生命早期进化的争论十分激烈，福特·杜利特尔就是一个试图用科学的冷静来平息这场大火的人。关于杜利特尔和他在分子系统发育方面的开创性工作，请参阅毛瑞恩·A. 奥马利的《福特·杜利特尔：进化的挑衅与多元视角》(Maureen A. O'Malley, "W. Ford Doolittle: Evolutionary Provocations and a Pluralistic Vision," *Dreamers, Visionaries, and Revolutionaries in the Life Sciences*, University of Chicago Press, 2018)。要了解分子分析如何改变了我们对早期演化的看法，请参阅杜利特尔的文章《铲除生命之树》(Ford Doolittle, “Uprooting the Tree of Life,” *Scientific American* 282:90–95, 2000)。

水平基因转移是如何发生的？在半透膜存在之前，任何生命物质都会不加区别地与其他生命物质碰撞并任意地输出它们的遗传物质。但后来，生命变得更有辨别力，进化出控制遗传物质在不同生命之间更紧密传递的机制。约书亚·莱德伯格（Joshua Lederberg）和爱德华·塔图姆（Edward Tatum）因发现性菌毛传递DNA的机制而获得1958年的诺贝尔生理学或医学奖，这个机制被称为细菌接合。如果你想了解其中的科学过程，请阅读他们的经典文章《大肠杆菌中的基因重组》(J. Lederberg and E. L. Tatum, “Gene Recombination in Escherichia Coli,” *Nature* 158:558, 1946)。莱德伯格和塔图姆的发现意义重大，因为它解释了细菌如何进行有性繁殖，以及如何获得免疫力等问题。事实证明，不仅免疫能力可以通过接合作用转移，构建性菌毛的指令亦如此。因此，能够给予的前提是先得到别人的给予。

正如其名所示，细菌接合是细菌的起源。但也有证据表明，在生命早期，古核生物也参与了水平转移，它们最初的性菌毛只是在后来进化成可移动的鞭毛。有关论据和证据，请参见桑迪等人的文章《古核生物的细胞表面结构》(Sandy Y. M. Ng et al., “Cell Surface Structures of Archaea,” *Journal of Bacteriology* 190:6039–47, 2008)。关于真核生物细胞核的诞生，包括可能是一种病毒引发了一切的理论，请参见伊丽莎白·潘尼西的文章《细胞核的诞生》(Elizabeth Pennisi,

"The Birth of the Nucleus," *Science* 305:766–68, 2004)。

佛罗伦萨作家、诗人、人文主义者薄伽丘最知名的著作是《十日谈》，但你也可以看看他那本不太为人所知的小册子——《爱情十三问》(*The Most Pleasant and Delectable Questions of Love*, H. G. trans., 1566, Aegypan, 2006)，该书的内容十分打动人。更早的时候，维吉尔的《埃涅阿斯纪》讲述了狄多和埃涅阿斯的故事。大约在1688年，作曲家亨利·珀塞尔和剧作家纳胡姆·塔特将《埃涅阿斯纪》改编成音乐剧《狄多和埃涅阿斯》。

第6章

乔治·奥威尔的小说《1984》中提到了三个口号：战争就是和平，自由就是苦役，无知就是力量。当我们抵制恶意的言论时，大自然却在召唤我们重新思索。

在地球的历史上，从还原环境到氧化环境的转变非常重要，通常被称为地球大锈蚀时期。科学家相信，这是生命持续生存的前提，为那些拥有不断增长的神经系统和更为复杂的行为的有机体提供营养。如果没有更多的氧气，生命就可能会停滞于单细胞水平，我们所知道的多样性就永远不会发生。光合作用带来了氧化反应，这是蓝细菌和叶绿素偶然邂逅的意外结果。要了解更多关于光合作用在这场巨大转变中的作用，请参考罗杰·别克的文章《生氧光合作用是何时演化的》(Roger Buick, “When Did Oxygenic Photosynthesis Evolve?” , *Philosophical Transactions of the Royal Society B: Biological Sciences* 363:2731–43, 2008)。

但是，生命之树真正开始生长后是什么样子？我们都知道，家族史可能会有些说不清，毕竟每一个叔叔、婶婶、爷爷和远房表弟讲述的故事可能都不同。但有一件事对人类来说仍是正确的，且对远古微生物来说也是无限正确的，那就是，时间的轨迹和保存方式的变换，使得重建系谱几乎不可能。尽管如此，科学家还是找到了一些机智的方法来解决这个问题，并且在过去的40年中，已经出现了一幅更清晰的图景，三个最初的领域——古核生物、细菌和真核生物——占据了舞台中心。令人惊讶的是，正如前文中提到的，基于小小的RNA分子的系统学分析表明，真核生物（我们人类所属的分支）更接近古核生物，而不是细菌（古核生物更古老，这是令人惊讶的原因）。虽然尚未确定，但看起来真核生物的第一个分支很可能与古核生物有共同的祖先，随后真核生物分支开始发生突变，失去细胞壁并获得细胞核。

真核生物又是如何从单细胞生物变成像人类一样复杂的多细胞生物的呢？内共生学说也被称为共生理论，它在过去的几个世纪的出现为这个问题提供了一个答案，并对我们所认同的进化论提出了挑战。根据这一理论，真核生物最初是由简单的原核生物进化而来的，一切源于原核细胞摄入了早期形式的线粒体祖先，又摄入了早期形式的叶绿体祖先（为了简单起见，正文没有讲述第二个事件）。那是生命史上的一个重大事件，因为能量的产生与比表面积有关，并且依赖于氧气。细菌通过细胞膜的泵传送质子，所以它们的大小受到几何上的限制，而真核生物（包括人类）利用线粒体或叶绿体将能量生产过程内部化，这样一来，就不会再受到同样的限制。这一点很重要：真核生物几乎立刻就有了增长的动力，因为按照规模经济的逻辑，规模越大，生产成本越低。由于有了更多的氧气和一个内部系统来为其提供能量，生命中最大的分水岭出现了。生物体生长到原来的数十倍或数百倍大，体内积累了数千倍的DNA，并且发展成多细胞的形式（最后形成人类）。如果没有内共生，那么复杂的生命似乎不可能聚集在一起。线粒体和叶绿体通过不一样的途径，帮助生命体达到相似的目的，产生能量储存分子（特别是ATP），帮助它们的宿主生长。二者分别被视为所有动物和植物存在的必要条件。你可能会问，为什么细菌会留存下来？它们为什么不把自己的能源制造商也吞下去呢？为什么产生真核生物的特定环境只发生过一次？答案可能很简单：一切都是随机的。这并不意味着我们不能在事后找到一种解释，例如马塞洛·巴比瑞的文章《真核生物是如何进化的？》（Marcello Barbieri, "How Did the Eukaryotes Evolve?", *Biological Theory* 12:13–26, 2017）。

内共生学说有其前身，但在20世纪60年代末和70年代由生物学家林恩·马古利斯（Lynn Margulis）提出时，许多人都认为它是不可思议的。随着时间的推移，尽管仍然存在争议，但内共生理论已逐渐被人们接受，并被看作进化过程中的一个关键因素。“林恩可能会激怒她的同事，”一位同事在她的讣告中写道，“但她至少提出了一个改变我们对生命看法的设想。”

想要了解她最初的文章，请阅读林恩·萨根（她当时嫁给了天文学家卡尔·萨根）的《有丝分裂细胞的起源》（Lynn Sagan, “On the Origin of Mitosing Cells,” *Journal of Theoretical Biology* 14:255–74, 1967）。要了解更广泛的演化理论，请参阅林恩·马古利斯和多里昂·萨根的《小宇宙：细菌主演的地球生命史》（Lynn Margulis and Dorion Sagan, *Microcosmos: Four Billion Years of Microbial Evolution*, Summit, 1986; reprint ed., University of California Press, 1997），以及《获取基因组：物种起源的理论》（Lynn Margulis and Dorion Sagan, *Acquiring Genomes: A Theory of the Origin of Species*, Basic, 2002）。关于林恩·马古利斯的精彩人生，包括她的努力与磨难，请参阅她的儿子多里昂·萨根写作的《林恩·马古利斯：科学反叛者的生活和遗产》（Dorian Sagan, *Lynn Margulis: The Life and Legacy of a Scientific Rebel*, Chelsea Green Publishing, 2012）。

分子的发展史同样令人惊讶，我们发现生命的先兆和死亡的预兆比我们想象中联系得还要紧密，与人类线粒体的基因最相近的居然是引起斑疹伤寒的立克次氏体细菌。科学家认为，在进化过程中，人类线粒体的祖先先是被原核细胞吞下去并成为内生体，之后线粒体祖先和仍然自由的现代立克次氏体的祖先在不知不觉中发生了分化，而后者在多年前仍保持其自由。具体内容请参看迈克尔·W. 葛雷的文章《立克次氏体、斑疹伤寒与线粒体的关系》(Michael W. Gray, "Rickettsia, Typhus and the Mitochondrial Connection," *Nature* 396:109–10, 1998)，以及维克托·V. 艾美雅诺夫的文章《立克次氏体与线粒体的进化关系》(Victor V. Emelyanov, "Evolutionary Relationship of Rickettsiae and Mitochondria," *FEBS Letters* 501:11–18, 2001)。

有关斑疹伤寒（人类最大的祸害之一）的概述，请参阅乔治·考恩的《历史上最致命的流行病：斑疹伤寒》(George Cowan, *The Most Fatal Distemper: Typhus in History*, Lulu.com, 2016)。关于更具体和深入的历史分析，请参阅斯蒂芬·泰蒂的《杰出的死者：关于斑疹伤寒如何杀死拿破仑最伟大的军队的恐怖故事》(Stephan Talty, *The Illustrious Dead: The Terrifying Story of How Typhus Killed Napoleon's Greatest Army*, Crown, 2009)，以及阿瑟·艾伦的《威格尔博士的奇妙实验室：两位勇敢的科学家如何与斑疹伤寒作战并击败纳粹》(Arthur Allen, *The Fantastic Laboratory of Dr. Weigl: How Two Brave Scientists Battled Typhus and Sabotaged the Nazis*, W. W. Norton, 2014)。想了解斑疹伤寒病原体名称的来历，即那个研究了斑疹伤寒并最终死于这种疾病的人，请参阅多明尼克·格罗丝和格伦·谢弗的文章[Dominik Gross and Gereon Schäfer, "100th Anniversary of the

Death of Ricketts: Howard Taylor Ricketts (1871–1910). The Namesake of the Rickettsiaceae Family," *Microbes and Infection* 13:10–13, 2010]。

1843年，美国总统富兰克林·皮尔斯因斑疹伤寒而失去了儿子。关于安妮·弗兰克死亡的最新已知情况，可参见迈克尔·温特的文章《安妮·弗兰克提前死亡的新研究》(Michael Winter, "New Research Sets Anne Frank's Death Earlier," *USA Today*, March 31, 2015.)。

最后，当你思考多年前立克次氏体和线粒体之间的分裂时，请记住，生命并不总是我们想象的那样。

第 7 章

勒达·科斯密德斯和约翰·图比这对夫妻提出了令人信服的理论，微小的共生线粒体可能就是自然界中性别诞生的原因。当无性繁殖陷入僵局时，这位精力充沛的搭车者做了它应该做的事。由于两支线粒体大军注定要在融合的藻类中发生冲突，所以产生了分工。具体内容请参见科斯密德斯和图比早期的文章《细胞质遗传与基因组内冲突》(Cosmides and Tooby, "Cytoplasmic Inheritance and Intragenomic Conflict," *Journal of Theoretical Biology* 89:83–129, 1981)。

自然界中也有例外，例如"裂鳃"蘑菇裂褶菌有28 000种交配型。但是，两性之间最大的差异与不耐受有关。融合单细胞生物体的内部细胞器根本无法相互支持，而最容易的解决方案就是执行线粒体（以及叶绿体，为了简单起见，正文也没有提及）的单亲本遗传。渐渐地，那些把细胞质带到结合体的细胞和那些没有这么做的细胞之间的差异更加明显。这就是为什么尽管代价高昂，但是几乎在自然界的任何地方，我们都能找到两种性别。了解更多关于性别的悖论以及不同理论的起源，请阅读约翰·梅纳德·史密斯的经典著作《性的进化》(John Maynard Smith, *The Evolution of Sex*, Cambridge University Press, 1978)。

衣原体可能是一个杀手，它让“情人”的线粒体全部沉默，对于大多数可以性交的生命，解决办法很简单：由卵子传递它们的线粒体，而精子只贡献细胞核DNA，从而避免战争。这种安排并不总是悄无声息地进行，自私的线粒体DNA找到了别出心裁的方法，它不顾大自然的阴谋，将自己的遗传物质留给下一代。达尔文写过一篇关于“雄性细胞质不育”的文章，解释了在被子植物中，线粒体如何使雄性的性器官绝育，使雌雄同体转化为雌性，从而保护自身的传播，避免最终以进入花粉终结。但是，也存在“异质性”，即生殖系中存在两性的线粒体，例如蝙蝠。我们人类已经将这种混合提升到一个新的水平——“卵质转移”，这是一种体外受精的形式，即来自女性捐赠者的线粒体DNA与精子DNA一起被注射到不育女性的卵子中。想要了解更多这项备受关注的科技，请阅读杰西卡·哈姆泽鲁的文章《你想知道的关于“三亲婴儿”的一切》(Jessica Hamzelou, “Everything You Wanted to Know About ‘3-Parent’ Babies,”

New Scientist, September 28, 2016)。最重要的一点是，如果两性之间最重要的区别与限制线粒体在生殖细胞系中的传递有关，那么两性之间的屏障可能不像我们认为的那么高。

线粒体通过排出从其电子传递链中释放出来的有毒自由基来支撑性和性别，但一旦多细胞生命出现，情况就变了。现在，一个生殖系被创造出来了，它不同于身体的其他部分，一个以前迫使单细胞生物融合的机制得到了重新设计，该机制可以消除与整个生物体繁殖不一致的异类。线粒体的任务是清除细胞：成年人每天有500亿~700亿个细胞死亡，而这是人类正常发展的一部分。在20世纪60年代，它被称为"凋亡"，希腊语中是花瓣掉落的意思；在2002年，悉尼·布伦纳、H. 罗伯特·霍维茨和约翰·E. 萨尔斯顿因为发现了控制这个过程的基因，获得了诺贝尔生理学或医学奖。要了解细胞凋亡在生物中的重要作用，请参阅布鲁斯·艾伯茨等的《细胞分子生物学（第6版）》(Bruce Alberts et al., eds., *Molecular Biology of the Cell*, 6th ed., Garland Science, 2014)。关于19世纪生物学家、种质理论之父奥古斯特·魏斯曼的理论（也曾被称为"魏斯曼主义"），请参见弗雷德里克·B. 丘吉尔的《奥古斯特·魏斯曼与传统决战》(Frederick B. Churchill, "August Weismann and a Break from Tradition," *Journal of the History of Biology* 1:91–112, 1968)，哈姆斯·G. 维特的《魏斯曼对种质变异的研究》(Rasmus G. Winther, "August Weismann on Germ-Plasm Variation," *Journal of the History of Biology* 34:517–55, 2001),

以及夏洛蒂·魏斯曼的《第一次进化合成：奥古斯特·魏斯曼与新达尔文主义的起源》(Charlotte Weissman, “The First Evolutionary Synthesis: August Weismann and the Origins of Neo-Darwinism,” PhD Diss., Tel Aviv University, 2011)。

古人都知道，爱欲与死亡是密不可分的。因此，线粒体的故事并不只是性、性别或细胞凋亡，与最后一种功能同样重要的是塑造多细胞生命和个性。即使是最好的机器也有出故障的时候，生活也不例外。最终，电子传递链利用电子将水合氢离子氧化成水的过程开始出错，创造了更多的自由基链，并破坏人体的膜、蛋白质和DNA。关于线粒体功能逐渐减弱与衰老之间的关系，请参阅两篇经典的论文：德纳姆·哈曼的《生物时钟：线粒体？》(Denham Harman, “The Biologic Clock: The Mitochondria?” , *Journal of the American Geriatrics Society* 20:145–47, 1972)，以及J. 米克尔等的《线粒体在细胞衰老中的作用》(J. Miquel et al., “Mitochondrial Role in Cell Aging,” *Experimental Gerontology* 15:575–91, 1980)。要了解线粒体在进化中的重要作用，请阅读尼克·莱恩的《力量、性别、自杀：线粒体与生命的意义》(Nick Lane, *Power, Sex, Suicide: Mitochondria and the Meaning of Life*, Oxford University Press, 2005)。更多关于细胞死亡和衰老的最新数据，请参见戴维·M. 霍肯贝利的《线粒体与细胞死亡》(David M. Hockenbery, ed., *Mitochondria and Cell Death*, Humana Press, 2016)。

有趣的是，从发育生物学的早期开始，就一直有人相信，只要我们弄清楚生长的原理，科学就能战胜死亡，让人长生不老。要全面了解相关历史，请参阅伊利亚·斯坦伯勒的《20世纪生命延伸主义的历史》（Ilia Stambler, *A History of Life Extensionism in the Twentieth Century*, CreateSpace Independent Publishing Platform, 2014）。更多的现代描述，参见乔纳森·韦纳的《渴望这个世界：奇怪的科学不朽》（Jonathan Weiner, *Long for This World: The Strange Science of Immortality*, Ecco, 2010）。

性和死亡似乎是一枚硬币的两面：最终，把我们带到这里的东西导致了我们的死亡。有些人可能认为这是一种希腊式悲剧，但就我个人而言，我采纳了一位智者的建议。苏斯博士说："不要哭泣，因为它结束了。"有人（或许是错误地）认为他是这样说的："微笑吧，因为它曾经发生过。"

第8章

普林斯顿大学微生物学家约翰·泰勒·邦纳毕生致力于研究社会阿米巴虫，这种虫通常被称为"迪蒂"，是最早登陆并繁衍生息的阿米巴虫的后代。邦纳在《社会阿米巴虫：细胞黏菌的生物学》（John Tyler Bonner, *The Social Amoebae: The Biology of Cellular Slime Molds*, Princeton University Press, 2009）一书中分享了他60年来对这种非凡生物及其近亲的许多见解。社会阿米巴虫在生物学意义上是一种不可思议的利他主义者，它们在环境的逼迫下“牺牲”自己，以这种方式让它们的同类继续生存下去。然而，值得注意的是，就像所有的群居动物一样，它们也有搭便车的行为，甚至有证据表明它们进化出了监管系统。有关迪蒂在混杂群落中显示欺骗行为的原始实验，请参见琼·E. 斯特拉斯曼、朱勇和戴维·C. 阔勒的文章《社会阿米巴虫的利他主义与欺骗》(Joan E. Strassmann, Yong Zhu, and David C. Queller, “Altruism and Social Cheating in the Social Amoeba Dictyostelium discoideum,” *Nature*, 408:965–67, 2000)。虽然人类的行为远非由基因决定，但至少在相对简单的生物中，欺骗和合作都是由基因决定的，具体内容请参考伊丽莎白·A. 奥斯托夫斯基等人的文章《社会阿米巴虫合作与冲突的基因组特征》(Elizabeth A. Ostrowski et al., “Genomic Signatures of Cooperation and Conflict in the Social Amoeba,” *Current Biology* 25:1661–65, 2015)。

尽管发生过许多次，但关于多细胞生命是何时以及如何首次出现的，仍然是个谜，它代表着生命进化的巨大飞跃。有一点是清楚的，那就是它曾分别使动物、植物、真菌、海藻、纤毛虫、黏菌和其他小型水生生物的出现成为可能。多细胞生命很可能最初不是由单个细胞聚集在一起形成的，而是因为一个细胞在10亿多年前的海洋中分裂后未能互相分离而产生的。然后，细胞依次分裂并黏在一起，反复几次后就形成了多细胞生命。

在不同的系谱中，单细胞个体进化到多细胞群落的路径并不相同。然而，它们的共同之处是，集体容忍了个体的自主性（即使只是暂时的），细胞黏菌的生命周期也经历了这些（可能比最初的水生多细胞生物进化得晚一些）。想要了解更多关于不同的路径和系谱的信息，参见约翰·泰勒·邦纳的文章《多细胞生物的起源》（John Tyler Bonner, "The Origins of Multicellularity," *Integrative Biology* 1:27–36, 1998），以及安德鲁·H. 克诺尔的文章《复杂多细胞生物的多重起源》（Andrew H. Knoll, "The Multiple Origins of Complex Multicellularity," *Annual Review of Earth and Planetary Sciences* 39:217–39, 2011）。

关于6.35亿年前到5.42亿年前埃迪卡拉纪那神秘的、自给自足的太平洋生物群，请阅读马克·麦克梅纳明的《埃迪卡拉花园：发现第一个复杂的生命》（Mark A. S. McMenamin, *The Garden of Ediacara: Discovering the First Complex Life*, Columbia University Press, 1998）。这本书重新叙述了雷格·斯普里格的研究，还讲述了表面上缺乏生物间相互作用的世界被赋予生命的奇怪故事。有关埃迪卡拉纪之前的"低温纪"，也就是地球上已知的最大冰期的更多知识，请登录"Palaeos.com"搜索"远古宙"，这是一个另类的但是信息丰富的关于远古生物的网站。关于在13亿年前到9亿年前形成，到约2.5亿到3亿年后分裂的罗迪尼亚古陆的信息，请阅读S. V. 伯格安诺娃、S. A. 皮萨列夫斯基和Z. X. 李的《罗迪尼亚的形成和分裂》(S. V. Bogdanova, S. A. Pisarevsky, and Z. X. Li, "Assembly and Breakup of Rodinia (Some Results of IGCP Project 440)," *Stratigraphy and Geological Correlation* 17:259–74, 2009)。

为什么多细胞既需要相互合作，也需要自私自利和互相欺骗？这与自然选择下的种群动态有关。虽然相互竞争群体的自身内部往往是利他主义占上风，因为可以获得合作的好处，但群体中总有个体更顾及自身利益，而逃避作为群体内一员应尽的义务。因此，不同水平的生物王国，包括基因、染色体、细胞、个体、群体甚至系谱间，存在各自的冲突。想要更多地了解这个问题，请参见萨米尔·奥卡沙的《进化和选择的层次》(Samir Okasha, *Evolution and the Levels of Selection*, Oxford University Press, 2006) 和《利他主义研究者必须合作》(Samir Okasha, "Altruism Researchers Must Cooperate," *Nature* 467:653–55, 2010)。

有趣的是，多细胞系统将疾病、利他主义、个性、骄傲联系在了一起。关于癌症，一种多细胞合作失败的疾病，请阅读悉达多·穆克吉的《众病之王：癌症传》(Siddhartha Mukherjee, *The Emperor of All Maladies: A Biography of Cancer*, Scribner, 2011)。关于利他主义，包括人类和其他生物利他主义之间的差异，请参见奥伦·哈曼的《利他主义的代价：乔治·普莱斯和善之源头的探索》(Oren Harman, *The Price of Altruism: George Price and the Search for the Origins of Kindness*, W. W. Norton, 2010)。有关于生物个性，请阅读里昂·W.

布斯的《个性的进化》(Leo W. Buss, *The Evolution of Individuality*, Princeton Legacy Library, 1988)。关于微生物组，或者关于我们身体中有很多细胞不属于我们自己这一事实，请阅读艾德·杨的《我包含了很多：我们体内的微生物和更宏大的人生观》(Ed Yong, *I Contain Multitudes: The Microbes Within Us and a Grander View of Life*, Ecco, 2016)。关于骄傲，C. S. 刘易斯说："骄傲的人总是看不起人和事：当然，只要你往下看，就看不到高于你的东西。"但伏尔泰或许比任何人都更能抓住多细胞、多社会难题的精髓："当我们独处时，我们很少感到骄傲。"

第9章

在地质记录中，埃迪卡拉纪之后是寒武纪，通常可以追溯到5.42亿前到4.88亿年前。在大多数记录中，寒武纪被视为生命历史上真正的革命。寒武纪从一开始就很引人注目，查尔斯·达尔文在《物种起源》中提到，寒武纪是对他的渐进进化论的最大挑战。早期的生物相对较小，数量稀少，相距遥远，没有盔甲和武器，相当独立，彼此不感兴趣，而现在世界上出现了大量复杂的、相互作用的、捕食成性的动物，由此揭开了一个新的篇章。在进化的瞬间，物种多样化的比率增加了一个数量级以上，至少从数目上看是这样的。斯蒂芬·杰伊·古尔德在《奇妙的生活：伯吉斯页岩与历史的本质》

（Stephen Jay Gould, *Wonderful Life: The Burgess Shale and the Nature of History*, W. W. Norton, 1989）中生动地描述了坚硬的节肢动物，比如欧巴宾海蝎、怪诞虫和奇虾，都已经具有完全发育的神经系统、分节肢、鳃、触角、爪子，甚至戏剧性的乳齿象象牙。这些凶猛的动物在温和的海百合之间游来游去，海百合形似花朵，茎连着海底，花冠上长着五颜六色的触须。由于它的突然出现和引发的生命之花绽放，这一时期被称为"寒武纪大爆发"。

近年来，这种对生命的认识受到了质疑：寒武纪真的出现了生命的"大爆发"吗？许多科学家不再那么肯定。根据从中国到格陵兰岛再到纳米比亚的新发现，在寒武纪初期已经出现了大量复杂的生物。所以，达尔文似乎一直都是对的：生命是逐渐出现的。正如英国古生物学家理查德·福提在他的著作《三叶虫：进化的目击者》（Richard Fortey, *Trilobite: Eyewitness to Evolution*, Knopf, 2000）中写的那样："当一个剧本（尤其是侦探小说）开始有些进展缓慢时，要想让它生动起来，一个标准的戏剧手段就是引入爆炸。"轰隆一声！观众一下就提起了兴致；当然，从戏剧性的角度说，枪击并不一定会引发谋杀。

无论"大爆发"一词是否被滥用，在大约6.5亿年前至5亿年前，我们知道的（以及许多我们不再认识的）几乎所有的基本生命形式都在地球上出现和发展起来了。为什么会发生这种情况一直是激烈争论的话题，而近年来的焦点则是氧气。这种观点认为，地球海洋中氧气含量的上升使得生物，包括它们的神经系统，变得更加复杂。关于这一点，请阅读道格拉斯·福克斯的短文《什么引发了寒武纪大爆发？》（Douglas Fox, “What Sparked the Cambrian Explosion?”, *Nature* 530:268–70, 2016）。想要更深入地探究神经系统在进化过程中可能扮演的角色，请阅读德特勒夫·阿伦特、玛丽亚·安托尼他·托驰和希瑟·马洛的文章《从神经网络到神经环、神经索和大脑的神经系统的进化》（Detlev Arendt, Maria Antonietta Tosches, and Heather Marlow, “From Nerve Net to Nerve Ring, Nerve Cord and Brain—Evolution of the Nervous System,” *Nature Reviews Neuroscience* 17:61–72, 2016）。

眼睛的出现是氧气水平上升带来的复杂性特征之一。虽然原始视觉可能早在7.5亿年前就出现了，但最早的眼睛化石属于两万种海洋节肢动物，有些如同蚊子一样小，有些大到巨型海龟的尺寸，但它们都有三个垂直的叶，所以被称为三叶虫。三叶虫的眼睛是唯一使用方解石建造的奇妙装置。尤安·克拉克森和里卡多·列维塞提展示了这种眼睛的超前设计，17世纪荷兰科学家克里斯蒂安·惠更斯和法国通才勒内·笛卡儿据此提出了一种光学“治疗”球差的方法（Euan N. K. Clarkson and Riccardo LeviSetti, “Trilobite Eyes and the Optics of Des Cartes and Huygens,” *Nature* 254:663–67, 1975）。正如福提所写：“这可能确实是艺术模仿自然的一个很好的例子，或者更确切地说，这可能是4亿多年前自然领先于科学的一个很好的例子。”

想要了解进化中自然界视觉进化的奇妙之处，请阅读格奥尔格·格莱泽和汉纳斯·F. 保卢斯的《眼睛的进化》(Georg Glaeser and Hannes F. Paulus, *The Evolution of the Eye*, Springer, 2015)。

三叶虫的眼睛包含的石头可镶嵌入蜕皮甲虫中，且不会眨，甚至有一种虫叫不眠瞪眼虫，希腊语和拉丁语的意思是“看着风景不睡觉的人”。三叶虫的眼睛由数千根方解石棒组成，以极高的敏感度展现了它们所处的地方的景象。(史密森尼学会的研究员肯尼斯·陶伊甚至据此拍摄了街对面的联邦调查局大楼，目的是把它们看到的东西精确地呈现出来，请不要告诉当局！) 某些种类的三叶虫在进化过程中失去了它们的眼睛，但是失去的眼睛是无法重新获得的，这似乎是一条单行道。根据寒武纪多样化的“光开关”理论推测，获得眼睛后，生物的运动能力获得了改善，提高了捕食能力，增强了竞争，进而引发了“军备竞赛”，推动进化进入超速状态。为了保护自己，包括三叶虫在内的海洋节肢动物进化出了由碳酸钙构成的坚硬的外骨骼，这也保证了它们的化石记录非常完备。随着带有眼睛的生命不断繁衍，物种的数量也在增加，催生了生命的多样化。在一点点氧气的帮助下，眼睛塑造了生命的世界。想要进一步了解这方面的情况，请参见安德鲁·帕克的《一眨眼的工夫：视觉如何开启进化的大爆炸》(Andrew Parker, *In the Blink of an Eye: How Vision Kick-Started the Big Bang of Evolution*, 2nd revised ed., The Natural History Museum, 2016)。

眼睛也可能引发不同的竞争方式。我们对三叶虫的性行为了解不多，但似乎性选择非常普遍，这意味着并非所有的雄性都能得到它们想要的东西。罗伯特·J. 可奈儿和理查德·福提提供了这方面的证据，详见《三叶虫刺与甲虫角：古生代的性选择？》(Robert J. Knell and Richard A. Fortey, "Trilobite Spines and Beetle Horns: Sexual Selection in the Palaeozoic?" , *Biological Letters* 1:196–99, 2005)。关于大卫王的女儿塔玛被她同父异母的兄弟阿姆农强奸的事，详见《圣经·旧约全书·撒母耳记下》第13章。关于特洛伊国王皮安姆和王后赫克犹巴的女儿卡珊德拉被两个出现在荷马的《伊利亚特》第24章和《奥德赛》第11章中的人物阿贾克斯强奸一事，请阅读关于阿尔凯奥斯的逸事；关于哈得斯强奸佩耳塞福涅的故事，请看荷马史诗《得墨忒耳之歌》。

无论竞争的三叶虫雄性有时是否会为了生存而采取高压手段，眼睛——无论是真实的还是隐喻的——都是好坏参半的。

第10章

俗话说，好奇害死猫。但事实上，如果没有探索新想法和新环境的冲动，就不会有猫。是好奇心和生存之间不可磨灭的联系让我们在进化过程中走到了这一步，并帮助我们理解进化的思想。

生命是如何从受精卵发育而来的一直是个谜，马修·科布的

《这一代：揭开性、生命和成长秘密的17世纪科学家》（Matthew Cobb, *Generation: The Seventeenth-Century Scientists Who Unraveled the Secrets of Sex, Life, and Growth*, Bloomsbury, 2006）展现了早期人们试图解决这一难题的历史。在那些认为生命体生来完美、是由上帝眨眼间创造、仅仅是在子宫里变大的人，和那些认为生命是零碎组装（但也是由神设计的）且以一种循序渐进的方式（后生论）诞生的人之间，爆发了长期的战争。我们已经距离那场战争很遥远了，想要详细了解介绍这段历史的文集，包括关于冯·贝尔和施佩曼的讨论，以及关于鲁、摩根和现代其他重要的胚胎学家，请阅读由曼弗莱德·D. 劳贝席勒和简·迈恩沙恩编辑的《演化发育生物学：发展进化学的历史》（Manfred D. Laubichler and Jane Maienschein ed., *From Embryology to Evo-Devo: A History of Developmental Evolution*, MIT Press, 2007）。了解更多关于厄恩斯特·海克尔以及他的时代、哲学思想和生物法（“个体发生重述系统发生”），请阅读罗伯特·J. 理查德的《生命的悲剧性：厄恩斯特·海克尔和关于进化论之争》（Robert J. Richards, *The Tragic Sense of Life: Ernst Haeckel and the Struggle over Evolutionary Thought*, University of Chicago Press, 2008）。关于希尔德·曼戈尔德（以及其他不被重视的伟大的女科学家），请阅读由玛丽莲·奥格尔维、乔伊·哈维和玛格丽特·罗西特编著的《科学女性：从古代到20世纪中期的先锋生活》（Marilyn Ogilvie, Joy Harvey, and Margaret Rossiter, eds., *The Biographical Dictionary of Women in*

Science: Pioneering Lives from Ancient Times to the Mid-20th Century, 2 vols., Routledge, 2000)。

事实证明，前形成论者和后生论者各持有部分真相。发育生物学家在20世纪80年代开始研究与生长、形态相关的基因，我们得知尽管生命本身并不显示出来，但是存在高度保守的基因，即同源异形基因。这种基因指导了从海鞘到人类的发育，数亿年来几乎没有改变。(同源异形基因之所以这样命名是因为20世纪早期的英国基因学家威廉·贝特森把一些奇怪的东西，比如长在苍蝇眼睛位置的腿，称为“同源框突变”。) 关于贝特森的更多信息，请参见帕特里克·贝特森的《威廉·贝特森：一个超越他所处时代的生物学家》(Patrick Bateson, “William Bateson: A Biologist Ahead of His Time,” *Journal of Genetics* 81:49–58, 2002)。形态是一个微妙的组合，是一部时间的交响乐，但它的指示是永恒的。因此，胚胎是一个融合了旧和新、已经存在和刚刚涌现的事物的混合体。要了解更多关于当今主流科学的现状，请阅读赛安·B. 卡罗尔的通俗易懂的著作《无尽的形态最美丽：演化发育生物学的新科学》(Sean B. Carroll, *Endless Forms Most Beautiful: The New Science of Evo Devo*, W. W. Norton, 2005)，还可以阅读史考特·F. 吉尔伯特和迈克尔·J. F. 巴雷西写作的优秀教科书《发育生物学》(Scott F. Gilbert and Michael J. F. Barresi, *Developmental Biology*, 11th ed., Sinauer/Oxford University Press, 2016)。

然而，基因可能并不总是进化的领导者。事实上，它们也可能是追随者。发育本身是一个灵活的、探索性的过程，有机体对新环境的生理和行为适应，在许多情况下要先于稳定其行为和形态变化的基因的产生。为了更深入地了解这种新出现的理解是如何改变我们对进化的看法的，包括通过模糊有机体与环境以及生殖系与体细胞之间的传统界线，请阅读由马斯莫·皮戈刘希和盖尔德·B. 穆勒编辑的《进化：跨越40亿年的生命记录》（Massimo Pigliucci and Gerd B. Müller, ed., *Evolution: The Extended Synthesis*, MIT Press, 2010），还可以阅读最近的一期以"演化生物学新进展：生物、哲学和社会科学观点"为专题的《英国皇家学会杂志界面焦点》（*Interface Focus*, 7:20170051, 2017），由丹尼斯·诺博、南西·卡特怀特、帕特里克·贝特森、约翰迪·普雷和凯文·拉兰德策划完成。当然也可以看一看丹尼斯·诺博的绝妙抒情著作《生命之乐：基因之外的生物学》（Denis Noble, *The Music of Life: Biology Beyond Genes*, Oxford University Press, 2006）。我还有一个奇怪的推荐，即阅读奥伦·哈曼的《未来没有基因》（Oren Harman, "In the Future There Will Be No Genes," *Acta Biotheoretica*, 66:2, 2018）。

生命最初是如何从海洋来到陆地上的，这是一个关于进化的伟大的故事，以相关的进程、不断变化的环境、变异的基因、互惠主义的细菌和意外的发现为特征。卡尔·齐默的《在水的边缘：生命的进化与演变》（Carl Zimmer, *At the Water's Edge: Fish with Fingers,*

Whales with Legs, and How Life Came Ashore but Then Went Back to Sea, Touchstone, 1998）中很好地讲述了这个故事。齐默的书出版几年后，芝加哥大学古生物学家和发育生物学家尼尔·舒宾在加拿大北极地区发现了提塔利克鱼，在他的书《你是怎么来的：35亿年的人体之旅》（Neil Shubin, *Your Inner Fish: A Journey into the 3.5-Billion-Year History of the Human Body*, Pantheon, 2008）中有详细的描述。提塔利克鱼没有手指，但它有一个肩膀，还有肱骨、桡骨、尺骨和腕骨。它的鳍明显像四肢，似乎专门用来在古代咸水湾缺氧的浅滩生活时支撑头部和上身。这是一种可以从水中转移到陆地的生物，是鱼类转变为四足动物——我们的直系祖先的先兆。齐默记录过舒宾揭示四肢发展依赖于同源异形基因的成果——《从鳍到手：科学家发现了深层次演化链》（Carl Zimmer, "From Fins into Hands: Scientists Discover a Deep Evolutionary Link," *New York Times*, August 17, 2016.）.

无论提塔利克鱼是不是从鱼类到陆生两栖动物和爬行动物转变的最后决定因素，我们仍然搞不清楚第一批四足动物的诞生环境以及它们如何出现在陆地上。过去人们认为四肢和肺是因为需求而进化产生的，当旧的水体干涸时，生命体必须寻找新的水体，这被称为"缩小的水洞假说"或"沙漠假说"。但更仔细的分析显示，更多从鱼类到两栖动物的进化（例如肺、肩膀、肘、手腕和随之而来的失去浮力和创建耳骨）都首次发生在水中，随后才发展出了适应在岸上生存的新功能，我们称之为"拓展效应"，于是"沙漠假说"消失了。今天，两种理论仍不分胜负。基于在波兰发现的3.95亿年前的足迹，“潮间带假说”认为，一些裂片鱼，或称石龙鱼，趁着退潮时从水中登陆，涨潮时再返回水中。同时，由于四足动物化石一直在曾经潮湿和被森林覆盖的栖息地中被发现，“林地假说”逐渐形成。在充满根茎和植被的浅水中航行，四肢和手指会变得极为有用，从而产生了选择压力，并带来了第一批登陆的生物。

随着新化石的发现，这个故事将被重新塑造和讲述。不过，值得记住的是，智慧总是来自无知，而好奇心正是无知的来源。毫无疑问，我们的智慧将被我们的后代视为无知，我们要继续保持好奇心。

第11章

早熟也许是孤独最强烈的一种形式，问问蜥蜴或者任何一个具有领先于时代的先知能力的人就知道了。

事实上，飞行是由昆虫发明的。科学家就一些假设进行了争论，包括翅膀最初是由昆虫的海洋甲壳类祖先在水中的鳃进化而来的，或者它们是由早期陆栖六足动物的胸部进化而来的。要了解更多关于这些论点的信息，请阅读伊娃·哈森福斯的《昆虫飞行的演化路径——一个初步的重建》(Ivar Hasenfuss, “The Evolutionary Pathway to Insect Flight—a Tentative Reconstruction,” *Arthropod Systematics and*

Phylogeny, 66:19–35, 2008），以及马克·斯鲁尔的线上文章《昆虫飞行：起源与空气动力学》（Marc Srour, “Insect Flight: Origins and Aerodynamics,” Bioteaching.com）。

让脊椎动物飞上天空，这个挑战更大，因为几乎所有用来抵消阻力的升力都需要用来承载身体重量。翼龙在2.2亿年前成为第一种突破这个挑战的脊椎动物，尽管它们无法存活至今来讲述这个故事。关于这些神奇的翼龙，包括诺氏披羽蛇翼龙，可以阅读马克·P. 威顿的书《翼龙：自然史、进化、解剖学》（Mark P. Witton, *Pterosaurs: Natural History, Evolution, Anatomy*, Princeton University Press, 2013）。想要感受3D视觉效果，请看戴维·阿滕伯勒拍摄的2011年由BBC出品的电影《飞行的怪兽》（*Flying Monsters*）。

至于戏剧性地发现诺氏披羽蛇翼龙的故事，请阅读道格拉斯·A. 劳森的文章《来自得克萨斯州西部白垩纪的翼龙——最大飞行生物的发现》（Douglas A. Lawson, “Pterosaur from the Latest Cretaceous of West Texas. Discovery of the Largest Flying Creature,” *Science* 187:947–48, 1975）。克劳福特·H. 格林沃特的问题是：“翼龙会飞吗？”（*Science* 188:676, 1975），劳森的回答紧随其后（676–78）。那是一个平常的日子，《圣安吉洛时报》把头版头条从“被困在纽约地铁里的人”改为“在得克萨斯州发现的最大的飞行生物”，诺氏披羽蛇翼龙就这样进入了全世界的目光。想要重拾回顾这个事件的乐趣，请阅读史太芬·哈瑞噶的文章《飞行的奇迹》（Stephen Harrigan, “The

Miracle of Flight," *Alcalde*, Nov–Dec 2013）。

翼龙消失的原因很可能和恐龙一样：在尤卡坦半岛上制造了希克苏鲁伯陨石坑的那些小行星，在撞击地球后，就再也没有发现任何翼龙的化石记录，这也是6 600万年前白垩纪与第三纪的分界线。然而，也许翼龙的命运早在这之前就确定了：鸟类可靠的、有助飞行的羽毛意味着它们的翅膀不需要固定在两侧或腿上，这样它们就可以自由地奔跑、行走和扑击，做任何能让它们得以生存和繁荣的事情。有关鸟类实际上是恐龙的论点，请参见格雷戈里·S. 保罗的《空中的恐龙：恐龙和鸟类的进化和飞行的丧失》（Gregory S. Paul, *Dinosaurs of the Air: The Evolution and Loss of Flight in Dinosaurs and Birds*, Johns Hopkins University Press, 2002）。翼龙被它们瘦弱的翅膀所束缚，在小行星撞击地球之前可能已经处于不利地位了，尽管在观察披羽蛇翼龙的骨骼时，人们会感到奇怪。最后，这些都只能是推测，翼龙的灭绝仍然是个谜。

同样，美国空军放弃B–49（和B–35）原型机的决定也是一个谜。诺思罗普的智慧在当时的竞争中已经凸显出来，但之后第二次世界大战爆发了，大企业介入，政治介入，同样介入的也许还有嫉妒和贪婪。做一个开拓者，从来都是异常艰难和极度孤独的。想要了解这个故事，请观看纪录片《飞翔的翅膀：约翰·K. 诺思罗普的最后一次访谈——1979年》（*Flying Wings: John K. Northrop's Final Interview—1979*）。在这部纪录片中，你可以听到诺思罗普本人的详细描述，他的目光茫然若失，面容憔悴。

约翰·克努森·诺思罗普（昵称杰克）走过了精彩的一生，要了解更多关于他和飞行翼的信息，请阅读泰德·科尔曼的《杰克·诺思罗普和飞行翼：隐形轰炸机背后的真实故事》（Ted Coleman, *Jack Northrop and the Flying Wing: The Real Story Behind the Stealth Bomber*, Paragon, 1988），以及E. T. 伍尔德里奇的《飞行奇迹：飞行翼的故事》（E. T. Wooldridge, *Winged Wonders: The Story of the Flying Wings*, Smithsonian Institution Press, 1983）。

第12章

亚里士多德不太知道如何给它们评分。他认为它们是一个独立的群体，就像昆虫或鸟类一样。直到17世纪，科学家才得出结论：鲸鱼是一种哺乳动物，这是一个不可思议的结论。重要的是，鲸类动物给我们上了具有标志性的一课：进化不仅创造了解剖学，有时还能戏剧性地抹掉解剖学。

梅尔维尔在《白鲸》中写道："想想大海的微妙之处，它那最可怕的生物是怎样在水底航行的呢？大多数情况下你是看不见它们的，但它们却藏在最美丽的天蓝色之下。"事实上，在人类历史的大部分时间里，鲸鱼都是令人恐惧的。这标志着我们的无知，"是的，愚蠢的凡人"，我们时刻被提醒着，"诺亚的洪水还没有平息，世界上2/3

的地方仍被覆盖着”。

达尔文在《物种起源》第一版中写道：“我看不出这有什么困难，一头熊通过自然选择，其结构和习性变得越来越水生化，嘴巴越来越大，直到产生像鲸鱼一样可怕的生物。”他的想法是正确的。但是，伦敦自然历史博物馆馆长、解剖学家和外科医生威廉·亨利·弗劳尔证明，鲸鱼是由陆地哺乳动物进化而来的。人们给它们起的名字——海猪、鲱鱼猪、猪鱼——都很接近真相：鲸类的祖先不是熊，而最有可能是陆地上跑步快的有蹄类动物，也许是古代河马。弗劳尔把鲸目动物分成两类：一类是须鲸亚目，嘴里含鲸须，像巨大的蓝鲸或较小的小须鲸；另一类是齿鲸，包括虎鲸、抹香鲸、海豚、鼠海豚和独角鲸。我们现在认为，这种异化发生在大约3 400万年前，但它们都有气孔和附在肩膀上的鳍状肢，与身边的鱼不同，它们游泳时是用以前的尾巴，即现在的尾鳍，使背部上下弯曲。想要了解梅尔维尔在撰写《白鲸》时对鲸鱼进行的狂想式的文化冥想，请阅读菲利普·霍尔的获奖著作《鲸鱼：寻找海洋巨人》（Philip Hoare, *The Whale: In Search of the Giants of the Sea*, Ecco, 2010）。关于人类眼中的鲸鱼从怪物变成顽皮的朋友的现代描述，可见D. 格雷厄姆·伯内特的《鲸的声音：20世纪的科学与鲸类动物》（D. Graham Burnett, *The Sounding of the Whale: Science and Cetaceans in the Twentieth Century*, University of Chicago Press, 2012）。

关于鲸的进化故事尚未讲完，但我们今天知道的要比弗劳尔的时代更多。利·范瓦伦在20世纪60年代提出鲸类起源于有蹄类动物，而不是吃肉的狗；讲得专业一点儿，就是中爪兽目是踝节目的后代，而不是肉齿目。在近代巴基斯坦，飞利浦·金格里奇在原特提斯海的海岸找到了化石。他首先发现了巴基鲸，巴基鲸是一种已生活了约5 000万年，在河流中觅食的陆生动物，身长6英尺，看上去有点儿像鹿或郊狼。接着是走鲸，它比巴基鲸年轻几百万岁，身长14英尺，在水中觅食，形似短吻鳄。再快进几百万年，慈母鲸已经是水生动物了，它的鼻孔向上伸，前肢缩短，尽管它已像海狮一样在陆地上度过了一段时间。3 700万年前，矛齿鲸终于加入了更古老的蜥蜴形态的龙王鲸行列，它们都长有流线型的尾鳍，习性和生理机能完全是水生的。这也许是迄今为止最明显的进化过程。当金格里奇在龙王鲸椎骨化石中发现了一个膝盖、一个脚踝和三个完美的脚趾时，关于鲸鱼的起源就几乎没有什么疑问了。关于这位古生物学家的发现，请阅读J. G. M. 特温森的《行走的鲸鱼：从陆地到水中的800万年》（J. G. M. Thewissen, *The Walking Whales: From Land to Water in Eight Million Years*, University of California Press, 2014）。

事实上，在鲸鱼的进化序列中有很多化石物种，包括库奇鲸和罗德鲸。越来越多的科学研究发现了它们发生这种剧烈变化的原因和环境（最近，科学家挑战了中爪类动物的起源和偶蹄类动物的起源问题）。毫不奇怪，同源异形基因起着至关重要的作用，但地质条件、海洋的消退、山脉和水生保护区的诞生也起到了重要作用。科学家正在揭开回声定位进化的奥秘，这项技术是早期的齿鲸在与须鲸分叉后诞生的（虽然须鲸最初有牙齿，但只有齿鲸有回声定位）。搞清楚回声定位是如何进化的，这十分艰难，因为其涉及的部分——肌肉、瓜和嘴唇——都是柔软的，不会保存下来。尽管如此，头骨仍然携带着重要的线索。最近在北卡罗来纳州的一个排水沟里发现了一块保存完好的头骨化石，想要了解回声定位的种种可能的起源，请阅读乔纳森·H. 盖斯勒、马修·W. 科尔伯特和詹姆斯·L. 卡鲁的文章《一种新的化石物种支持了齿鲸回声定位的早期起源》（Jonathan H. Geisler, Mathew W. Colbert, and James L. Carew, "A New Fossil Species Supports an Early Origin for Toothed Whale Echolocation," *Nature* 508:383–86, 2014）。顺便说一下，文章中的鲸类和须鲸拥有共同的祖先，从中分离之后也未曾留下任何直系系谱。现在已知的所有活着的齿鲸都是第二回声分支的后代。

关于鲸类动物还有许多神秘之处。它们能够一起找寻猎物，可以通过复杂协调地吹泡泡的方式捕鱼（参见BBC纪录片《大自然的伟大事件》中阿拉斯加座头鲸以这种方式捕鱼的精彩镜头），通过歌声和咔嗒声进行交流，甚至是使用工具和指导幼崽，这些无疑都证明了它们具有非同寻常的智慧。圈养研究也证明了鲸鱼惊人的记忆力、语言能力和自我认知能力。但是，我们对鲸类动物的内心世界知之甚少。弥尔顿在《失乐园》中写道："那里有海怪/在水深处，最大的生物/像骶岬一般伸展着，想要睡觉或游泳/似乎是一个移动的陆地；在它的腮边/吸气，在它呼吸时吐出一片海。”的确，鲸鱼是一种绚丽的景象。想要进一步揭开谜底的话，请阅读哈尔·怀特黑德和卢克·伦德尔的《鲸鱼和海豚的文化生活》(Hal Whitehead and Luke Rendell, *The Cultural Lives of Whales and Dolphins*, University of Chicago Press, 2014)。但如果你想真正感受到这种魔力，就跳进水里吧。

第 13 章

意识与生命的起源很接近：惰性物质是如何过渡到能够复制和代谢的活性物质的？其间一定存在着某种过渡，从只能感知的生物体到有经验的生物体——对一些人来说，突然察觉到自己就是某种存在，这就像一个奇迹。

哲学家托马斯·内格尔问过一个著名的问题：“当一只蝙蝠是什么感觉？”(*Philosophical Review* 83:435–50, 1974)。他的回答令人沮丧，那就是我们永远也不会知道。路德维希·维特根斯坦对此表示同意。他在《哲学研究》中说，即使狮子会说话，我们也不能理解它们。但为了感受意识的奥秘，我们必须求助于狮子和蝙蝠吗？人类相信语言可以跨越鸿沟，让我们进入别人的大脑，但我们真能理解成为另一个人的感觉吗？

也许总有一些人认为意识的问题是难以解决的，也许他们没有错：意识的本质可能是观察者的头脑，而不是观察者的眼睛。相关内容请阅读神经学家罗伯特·A. 布顿的书《怀疑论者的心智指南：神经科学能告诉我们什么，不能告诉我们什么》(Robert A. Burton, *A Skeptic's Guide to the Mind: What Neuroscience Can and Cannot Tell Us About Ourselves*, St. Martin's, 2013)，以及莎莉·萨特和斯科特·O. 莉莲菲尔德的《洗脑：无意识神经科学的诱人吸引力》(Sally Satel and Scott O. Lilienfeld, *Brainwashed: The Seductive Appeal of Mindless Neuroscience*, Basic, 2013)。

但是，也有人相信意识是可以解释的，比如哲学家盖伦·施特哈森的文章《意识不是迷，它是物质》(Galen Strawson, "Consciousness Isn't a Mystery. It's Matter", *New York Times*, May16, 2016)。施特哈森在1950年名为"精神与物质"的公开演讲中引用了伯特兰·罗素的话，在他获得诺贝尔奖的短短几个小时后就传了出来，他说："我们对物理事物的本质一无所知，除非是我们直接经历的体验。"罗素把这个问题颠倒过来：一个人不必成为二元论者，也不必否认经验的存在；精神和大脑只是从不同角度（心理学和物理学）看到的同一件事。我们都知道青蛙感受到的寒冷是什么样（罗素举了一个例子）、菠萝的味道（洛克），或者听爵士的感觉（通过哲学家内德·布洛克解读路易斯·阿姆斯特朗的音乐），这并不奇怪。但这样的知识是我们对现实本质的唯一洞察，因为真正的难题是物质，而不是意识。

当然，这并不意味着物质能够自我理解，但总有人在做这类尝试。要了解罗素目前对这一观点的解读，请阅读神经学家、西雅图艾伦脑科学研究所主席兼首席科学家克里斯托弗·科赫的《意识：浪漫简化主义者的自白》（Christof Koch, *Consciousness: Confessions of a Romantic Reductionist*, MIT Press, 2012）。科赫和弗朗西斯·克里克在近30年前的一篇开创性论文中，描述了他们所谓的“意识的神经关联”。要了解关于意识的前沿实证和建模研究目前的进展，请参见斯坦尼斯拉斯·德海恩的《意识与大脑：解读大脑如何编码我们的思想》（Stanislas Dehaene, *Consciousness and the Brain: Deciphering How the Brain Codes Our Thoughts*, Viking Penguin, 2014），以及迈克尔·S. 加扎尼加的新书《意识本能：解开谜团》（Michael S. Gazzaniga, *The Consciousness Instinct: Unraveling the Mystery of How the Brain Makes the Mind*, Farrar, Straus and Giroux, 2018）。为了更好地理解“记忆中的当下”这个概念（借鉴了神经解剖学家圣地亚哥·拉蒙–卡哈尔和哲学家威廉·詹姆斯，把意识放在了达尔文主义的框架中），请阅读杰拉尔德·M. 埃德曼的《记忆中的现在：意识的生物学理论》（Gerald M. Edelman, *The Remembered Present: A Biological Theory of Consciousness*, Basic, 1989）。

最近，理论生物学家伊娃·雅布隆卡（Eva Jablonka）和生理学家西蒙娜·金斯伯格（Simona Ginsburg）一直试图提出一种意识诞生的进化框架；根据他们的观点，如果把意识看作一种进化的产物，而不是几亿年前出现的成形的东西，就能更好地理解它。他们回顾了古代梳状水母或刺胞动物，它们有感觉能力但还没有体验能力。这些简单的生物，以及后来的水母——像栉水母（和无腔纲动物，也许是我们的直系祖先）——身体里具备神经网络，可使它们对环境做出反射性反应，尽管它们还没有大脑。渐渐地，利用内部感知的“白噪声”，神经网络的选择性稳定为生命带来了简单学习的机会，通过刺激和响应——形成一种“记忆的当下”。脱离体内平衡可以产生“原始情绪”和反射的改善，因为有些事情或多或少是令人愉快的。下一个阶段是刺激与反应的脱钩，这就产生了联想学习——一个巨大的飞跃。即便刺激不再呈现在面前，没有“记忆中的未来”，没有过去的影响，生命仍能保留以前选择性稳定的神经联系的记忆痕迹。这时，成熟的情感开始发展，同样取得发展的还有想要某样东西的冲动，一个美丽新世界就这样开始了。

要了解更多令人兴奋的新想法，请阅读西蒙娜·金斯伯格和伊娃·雅布隆卡的《进化中的目的论转变》（Simona Ginsburg and Eva Jablonka, “The Teleological Transitions in Evolution: A Gántian View,” *Journal of Theoretical Biology* 381:55–60, 2015），该文章提出了一种标记从非生命到生命进化转变的方法，这个方法既可以应用于意识的进化，也可以应用于理性和道德推理；左哈·Z. 布朗夫曼、西蒙娜·金斯伯格、伊娃·雅布隆卡的《通过联想学习的进化过渡到最小意识》（Zohar Z. Bronfman, Simona Ginsburg, and Eva Jablonka,

"The Transition to Minimal Consciousness Through the Evolution of Associative Learning," *Frontiers in Psychology* 7:1954, 2016）更深入地探讨了精细生物学；西蒙娜·金斯伯格和伊娃·雅布隆卡合写的《体验：詹姆斯方法》（Simona Ginsburg and Eva Jablonka, "Experiencing: A Jamesian Approach," *Journal of Consciousness Studies* 17:102–24, 2010）将他们的进化理论和威廉姆·詹姆斯的哲学结合在一起。你可以留意雅布隆卡和金斯伯格即将出版的关于这个主题的书。同时，为了在现代环境中比较物理主义和二元论这两种相互竞争的观点，请比较丹尼尔·C. 丹尼特的《从细菌到巴赫再回归：思想的进化》（Daniel C. Dennett, *From Bacteria to Bach and Back: The Evolution of Minds*, W. W. Norton, 2017）和戴维·查默斯的《意识的性格》（David Chalmers, *The Character of Consciousnes*, Oxford University Press, 2010）。我们如何理解意识会影响我们如何看待媒介，反之亦然。想要深入了解"再现"与"具体"认知方法之间的争论的利害关系（"再现"与"具体"认知方法既涉及自然智能，也涉及人工智能），请阅读麻省理工学院的机器人专家罗德尼·A. 布鲁克斯的《大象不下棋》（Rodney A. Brooks, "Elephants Don't Play Chess," *Robotics and Autonomous Systems* 6:3–15, 1990）。抽象表征主义者将大脑视为一台计算机，而具体的自然出现理论者则将认知视为长期经历发生的环境。但是，他们都有一个共同的信念：古老的笛卡儿假设，即物质没有内在的合理媒介，也不可能有统一的自我。媒介只是表面的。想要了解这两种方法的对立观点，请阅读汤姆斯·奈格的《自身思想和宇宙：为什么唯物主义的新达尔文自然观一定是错误的》（Thomas Nagel, *Mind and Cosmos: Why the Materialist Neo-Darwinian Conception of Nature Is Almost Certainly Wrong*, Oxford University Press, 2012），他在这本书中颇具争议性地提出，人们目前对进化的描述，以及对人工智能的尝试，都不足以解释有目的的生命现象。

不管你最终站在什么地方，神经元可能是在水母和其他刺胞动物出现之前的某个时候进化来的，也许是在海绵中。当氧气上升到一定水平时，生物体开始变大，寿命增长，一种新的身体设计被引入——有头、尾、背和腹部的双栖动物。大约6亿年前，进化中发生了一次重大的分裂：一边是所有的脊椎动物，另一边是所有的软体动物。

蛤蜊、牡蛎、蜗牛和蠕虫都是软体动物，但头足类动物也是软体动物，比如章鱼、乌贼，还有超凡脱俗的鹦鹉螺。当鹦鹉螺还在它的壳里（因此它算比较迟钝的），其他动物（特别是章鱼）却继续用它们的智慧使人们惊奇。正如哲学家彼得·戈弗雷–史密斯所解释的那样，在我们这个星球上，有两个关于思维进化的大型“实验”，其中我们人类和头足类动物非常具有代表性。虽然我们有中枢神经系统，但头足类动物进化出了“分布式智能”：它们的手臂是与神经元一起使用的，是半自主的，这意味着它们的思维实际上遍布全身。我们想象一下，这两种不同的思维搭建方式，再加上我们是社会性动物，而大多数头足类动物不是，产生了极度不同的体验世界的方式，也产生了不同的意识。在水下遇到章鱼的时候真的是我们最接近“外星人”的时刻。

一些关于头足类动物的事实如下：它们的眼睛没有盲点；它们有三个心脏和蓝绿色的血液，因为它们的血液携带的是铜而不是铁。它们诱人的伪装和交流能力建立在含有色素细胞、像屏幕一样的多层皮肤上，由神经递质乙酰胆碱调节，与人类记忆、觉醒和动机有关。早在恐龙出现之前，它们就已经从一种四肢着地的埃迪卡拉海底生物进化而来了。

以下是关于章鱼的一些具体事实：它们有8条胳膊，与身体分离后还能继续工作；它们能识别不同的人，并且有强烈的好恶感；它们非常好奇，也非常不可预测；它们的寿命很短，最多为一到两年。一只6码（约5.5米）长的章鱼，重达100磅（约45公斤），可将其自身塞入一个一英寸（约2.5厘米）宽、开口大约和它的眼球一样大的容器里。被困住的章鱼是天生的逃生能手，它们会通过向灯泡喷水来切断电力供应，还会通过堵塞水箱里的阀门来淹没实验室的地板。某些物种仅通过改变形状和颜色就可以模仿多达15种不同的生物，包括比目鱼、狮子鱼和海蛇。章鱼是色盲，有些章鱼的阴茎是可拆卸的，林奈称它们为“奇特的怪兽”。

要深入体会自己是一只章鱼意味着什么，以及为什么，请参阅彼得·戈弗雷–史密斯的《其他心灵：章鱼、海洋和意识的深层起源》(Peter Godfrey-Smith, *Other Minds: The Octopus, the Sea, and the Deep Origins of Consciousness*, Farrar, Straus and Giroux, 2016)。另一本富有启发性的书是詹妮芙·A. 曼斯、罗兰德·C. 安德森和詹姆斯·B. 伍德的《海洋中的天才无脊椎动物》(Jennifer A. Mather, Roland C. Anderson, and James B. Wood, *Octopus: The Ocean's Intelligent Invertebrate*, Timber Press, 2010),作者的研究集中在章鱼的记忆和与意识的联系上。一些读者可能还会喜欢科学作家西·蒙哥马利的通俗小说《章鱼的灵魂:意识奇迹的惊人探索》(Sy Montgomery, *The Soul of an Octopus: A Surprising Exploration into the Wonder of Consciousness*, Atria, 2015)。在希伯来大学本尼·霍什内的实验室里,人们正在进行一项关于章鱼大脑和身体之间关系的有趣研究,可参见盖·利维和比亚敏·哈契纳的《章鱼的形态、视觉和运动的具体化组织》(Guy Levi and Binyamin Hochner, "Embodied Organization of Octopus vulgaris Morphology, Vision, and Locomotion," *Frontiers in Physiology* 8:164, 2017),来体验一下这种行为。

我们会理解意识吗?我不知道。爱因斯坦坚持认为,任何问题都不能从创造它的意识的同一层次中得到解决,人们也不会无缘无故地称他为爱因斯坦。伟大的阿根廷作家豪尔赫·路易斯·博尔赫斯在他1942年发表的短篇小说《博闻强记的富内斯》中探讨了记忆与意识之间的关系。作曲家查尔斯·艾夫斯说:"黎明时分,大自然中似乎有某种东西揭示了所有意识,这是一种罕见的体验,无法在中午得到解释。然而，这是一天的一部分。”这三件事连同与头足类动物在水下的令人难忘的邂逅，都赋予了我创作灵感。

第14章

有人相信真理来自神，语言与神同在。但也有人以为神来自谎言，谎言又来自真理，而真理来自语言，以上都是《圣经·新约全书·约翰福音》第1章第1节所说。正如约吉·贝拉所说：“如果你不知道自己要去哪里，那你最终可能会去别的地方。”

“讲句话，我就给你洗礼！”主教在8世纪左右的巴黎花园对一只年轻的黑猩猩说了这句话。几代人以来，人们都认为语言是区分人类和其他生命的特征，是我们智慧的必要条件。当诺姆·乔姆斯基在20世纪50年代把这种直觉变成了科学时，语言革命到来了。乔姆斯基的所有建构——获得语言能力的关键时期、语法的普遍性、规则的过度概括、递归以及发展阶段的明显稳健性——都指向一个方向：我们是独一无二的“语言人”，正是这个特质解释了我们的大跃迁。

随着时间的推移，从猿类到苹果树，从蜥蜴到变形虫，自然界所有的王国里都得到了充分的交流。人类可能是唯一有语言能力的物种，但其他所有物种也都在相互交谈。有关动物文献的概述，请参见杰克·W. 布拉德伯里和桑德拉·L. 韦伦坎的教科书《动物交流原理》(Jack W. Bradbury and SandraL. Vehrencamp, *Principles of Animal Communication*, 2nd ed., Sinauer/Oxford University Press, 2011)。还有一本关于植物交流的有趣的书，即丹尼尔·查莫维茨的《植物知道生命的答案》(Daniel Chamovitz, *What a Plant Knows: A Field Guide to the Senses*, Scientific American/Farrar, Straus and Giroux, 2012), 以及彼得·渥雷本的《树的秘密生命》(Peter Wohlleben, *The Hidden Life of Trees: What They Feel, How They Communicate—Discoveries from a Secret World*, Greystone Books, 2016)。即使是细菌，也会有规律地发出信号，可阅读斯蒂芬·C. 维纳和邦尼·L. 巴塞勒的《细菌之间的化学交流》(Stephen C. Winans and Bonnie L. Bassler, eds., *Chemical Communication Among Bacteria*, ASM Press, 2008)。然而，出于不止一个原因，我们认为人类语言有一些特别之处的这个观点是正确的。

思想和语言之间存在十分迷人的关系，但对此人们仍然知之甚少。看看迈克尔·托马塞洛的《人类思想自然史》(Michael Tomasello, *A Natural History of Human Thinking*, Harvard University Press, 2014), 你将会对这一点有更多的了解，也可以看看作家科马克·麦卡锡的《凯库勒问题：语言从何而来》(Cormac McCarthy, "The Kekulé Problem: Where Did Language Come From?," *Nautilus*, April 20, 2017), 这篇文章对语前、无意识的大脑与获得语言、有意识的大脑之间的关系做了发人深思的思考。我们现在开始认识到直立人确实已经开始进行抽象的思考了（不管智人是不是直立人的后代），例如艾恩·卡拉韦的文章《直立人在50万年前画了世界上最古老的涂鸦》（Ewen Callaway, "Homo erectus Made World's Oldest Doodle 500,000 Years Ago," *Nature*, December 3, 2014），还有金·斯特尔尼的《进化学徒：进化如何使人类独一无二》（Kim Sterelny, *The Evolved Apprentice: How Evolution Made Humans Unique*, MIT Press, 2012）。我们有理由相信，直立人虽然没有完整的语言，但很可能已经具备了语言的基础，确切地说是模仿能力，即具有重要的文化意义的模仿能力。灵长类动物学家理查德·朗格汉姆有力地指出，近200万年前对火的使用在人类发展中发挥了重要作用，具体可参见他的《星火燎原：烹饪如何让我们成为人类》（Richard Wrangham, *Catching Fire: How Cooking Made Us Human*, Basic, 2009）。许多人类学家不同意朗格汉姆的论点，他们认为在烹饪出现之前，我们的祖先就已经开始吃肉，导致了内脏变小，大脑变大。不管是不是火使我们成为人类，人们普遍认为，合作的社会互动是我们构建认知的关键。为了生存，早期的原始人需要从不同的角度看世界，进入彼此的大脑，发展出所谓的"共享意向性"。看着对方的眼睛进行模仿，最后语言扮演了所有重要的角色。

但是，乔姆斯基的看法是正确的吗？语言是否只有在大脑中特定的"语言器官"与其他生理结构共同发育时才可能出现，它是一种与生俱来的本能，而不是后天习得的社交工具？多年来，大多数认知科学家、语言学家、发展心理学家都认为这是正确的，但这种模式正在受到攻击。托马塞洛的《构建语言：一个基于用法的语言习得理论》（Michael Tomasello, *Constructing a Language: A Usage-Based Theory of Language Acquisition*, Harvard University Press, 2003）举了一个异常的例子，认为语言是一种我们普遍认知能力的交织，不是在大脑里的瑞士军刀刀片，而是通过社交获得，也不具有生物遗传性。传教士出身的语言学家丹尼尔·埃弗里特称，亚马孙地区的皮拉哈人不会用递归方式说话（尽管他们会用递归思维思考），这个发现引发了巨大的争议，这是一个可能推翻乔姆斯基整个理论体系的例外情况（Daniel Everett, "Chomsky, Wolfe, and Me," *Aeon*, January 10, 2017）。丹尼尔·多尔最近对语言作为一种社会交际技巧进行了全面的分析，这种技巧从直立人开始，为了指导想象而被人们收集设计。他认为我们具备语言能力的大脑和生理机能是受语言驱使而存在的，而不是相反，具体可参见《想象力的指导：语言作为一种社会传播技术》（Daniel Dor, *The Instruction of Imagination: Language as a Social Communication Technology*, Oxford University Press, 2015）。

无论语言是如何产生的，它都是用来传递信息的，或真或假。这种观点认为，如果要确保语言存在，人们就要最大限度地限制撒谎，否则整个沟通系统就会崩溃。关于遏制谎言，人们提出了许多论点：托马塞洛的《人类道德自然史》（Michael Tomasello, *A Natural History of Human Morality*, Harvard University Press, 2016）提出人类的道德是谎言的解毒剂；皮特·J. 里彻森和罗伯特·博伊德的《不仅仅是基因：文化是如何改变人类演化的》(Peter J. Richerson and Robert Boyd, *Not by Genes Alone: How Culture Transformed Human Evolution*, University of Chicago Press, 2005) 提出对撒谎行为进行强行惩罚的作用；W. 特库姆塞·费奇认为，语言首先在亲族中进化，亲族确保了语言的诚实，详见《语言的进化》(W. Tecumseh Fitch, *The Evolution of Language*, Cambridge University Press, 2010)；罗宾·I. M. 邓巴在《进化视角下的八卦》(Robin I. M. Dunbar, "Gossip in Evolutionary Perspective," *Review of General Psychology* 8:100–110) 中提出，八卦的进化是为了防备占便宜的人；克里斯·奈特在《仪式/言语共同进化：欺骗问题的解决方案》中提出，收集谎言可以预防个体撒谎，可参考詹姆斯·R. 赫尔福德、迈克尔·斯图德特–肯尼迪和克里斯·奈特的《语言进化的方法》(James R. Hurford, Michael Studdert-Kennedy, and Chris Knight, eds., *Approaches to the Evolution of Language*, Cambridge University Press, 1998, 68–91)。

但是，如果谎言在人类进化中和真理一样重要呢？事实上，如果语言为谎言的形成提供了巨大的机会，而这些机会在直立人（其次是智人）指导彼此的想象方面发挥了至关重要的作用，会怎样呢？人类的认知是在说谎者和测谎者之间的军备竞赛的熔炉中锻造出来的，它给了我们想象的能力。基于这个原因，谎言在把我们变成人类，逐渐扩大我们和其他灵长类动物之间的差距方面发挥了核心作用。这是多尔在《谎言在人类语言进化中的作用》(Daniel Dor, "The Role of the Lie in the Evolution of Human Language," *Language Sciences* 63:44–59, 2017)一文中提出的具有启发性的观点。还有罗伯特·特里弗斯的《愚人的愚行：人类生活中的欺骗与自欺的逻辑》(Robert Trivers, *The Folly of Fools: The Logic of Deceit and Self-Deception in Human Life*, Basic, 2011)，这本有趣而颇具争议性的书认为，为了更好地欺骗他人，我们必须先欺骗自己。

第 15 章

每个人都有自己的路。我的路始于布伦达·拉尔夫·刘易斯的《神话和传说的世界》(Brenda Ralph Lewis, *The World of Myth and Legend*, Brimax Books, 1980)以及伊卡洛斯和忒修斯的故事，还包括高文爵士和贝奥武夫，杰森和金羊毛，阿喀琉斯和赫克托耳，雷神托尔和冈格尼尔，奥德修斯和独眼巨人，巨魔王盖尔罗杜尔，等等。

在早期，神话带给我极大的诱惑，尽管我一开始无法理解，但进化激发了我强烈的兴趣。在我还没有完全理解它们之前，我就喜欢读史蒂芬·杰伊·古尔德在《自然历史》杂志上发表的学术论文，里面讲述了丰富多彩的人物，有人类，也有其他，还包括历史和动物学的奥秘。后来在大学，哈维·洛迪什等人的教科书《分子细胞生物学》(*Molecular Cell Biology*)和埃里克·坎德尔等的《新科学原理》（*Principles of Neural Science*）引发了我对所有来龙去脉的渴望，我第一次阅读了《物种起源》。慢慢地，一种领悟在我心中产生。很快，我就把《号角号》（*The Voyage of the Beagle*）、《自传》（*Autobiography*）、《人的由来》（*The Descent of Man*）、《人与动物情感的表达》（*The Expression of the Emotions in Man and Animal*）、《驯化下动植物的变化》（*The Variation of Animals and Plants Under Domestication*）、《蠕虫作用下植物霉菌的形成》（*The Formation of Vegetable Mould Through the Action of Worms*）通通读了一遍。我对查尔斯·达尔文的著作爱不释手，现在我明白了，所有生命毫无疑问都是经过修饰而产生的。

伯特兰·罗素的《西方哲学史》（Bertrand Russell, *History of Western Philosophy*, Allen and Unwin, 1946）让我睁开了眼睛，这本书有着清晰的描述和简洁的措辞。当我在阅读那些紫红色的皮革装订的《不列颠百科全书》，并体验到哲学家的语言风格时，这种惊叹更加强烈了。我随后阅读了维特根斯坦影响深远的《逻辑哲学论》（*Tractatus Logico-Philosophicus*），还有雷·蒙克的杰出传记《路德维希·维特根斯坦：天才的责任》（Ray Monk, *Ludwig Wittgenstein: The Duty of Genius*, Free Press, 1990）。

后来我转向科学史，从乔治·萨顿的《科学史：古希腊黄金时代的古代科学》（George Sarton, *A History of Science: Ancient Science Through the Golden Age of Greece*, Harvard University Press, 1952; repr.

Dover, 1993）开始，他（在别处）告诫我们："最重要的是，当我们遇到英雄主义时，我们必须颂扬它。"渐渐地，实证主义让位于更为清醒的态度。通过大师们的作品，比如G. E. R. 劳埃德、亚历山大·科勒、I. 伯纳德·科恩和理查德·S. 韦斯特福，我跟随众人来到托马斯·库恩身边，他告诉我亚里士多德的物理学是完全错误的，尽管它吸引了世界上最聪明的思想家的关注，而且已经存在了将近2 000年。事实证明，科学是有政治性的，它的实践者太过人性化。爱丁堡学派和巴斯学派的激进社会学家戴维·布罗尔、哈里·柯林斯、唐·麦肯齐和史蒂文·夏平采纳了这一观点。他们认为，"真"和"假"的科学理论是一种社会关系，就像文学和艺术一样。不管人们是否相信这些异端邪说，很明显，所谓的"科学"从来就不是普适的。洛林·J. 达斯顿和皮特·盖利森在《客观性》（Lorraine J. Daston and Peter Galison, *Objectivity*, The MIT Press, 2007）中奇妙地展现了科学的认知美德总在不断变化。

但是，理性的前进难道没有让世界变得更美好吗？在许多方面，它无疑已经做到了。一方面，我们彼此之间的杀戮减少了——看看斯蒂芬·平克戏剧性的证据《人性中的善良天使：暴力为什么会减少》（Steven Pinker, *The Better Angels of Our Nature: Why Violence Has Declined*, Viking, 2011）。我们的寿命变长了，吃得好了，麻木而累人的体力劳动逐渐被机器取代。人们正在接受以往都不能企及的教育、旅行，接受基于证据的新思想，并参与影响他们生活的政治进程。

当然，启蒙运动的理想是值得称赞的，它所带来的进步是惊人的。想要了解关于缺陷的辩护，请阅读斯蒂芬·平克的《当下的启蒙：为理性、科学、人文主义和进步辩护》(Steven Pinker, *Enlightenment Now: The Case for Reason, Science, Humanism, and Progress*, Viking, 2018)。尽管如此，启蒙运动对理性和进步的颂扬并非绝对的胜利，也许布鲁诺·拉图尔在《我们从未现代过》(Bruno Latour, *We Have Never Been Modern*, Harvard University Press, 1993 ）中提出的观点是正确的。当然，正如乌尔里希·贝克在《风险社会》(Ulrich Beck, *Risk Society*, Sage, 1992 ）中指出的那样，有很多现代承诺并未兑现。也许，正如已故历史学家、哲学家耶胡达·埃尔卡纳所说，是时候"重新思考——而不是不加思考——启蒙运动"了（ Wilhelm Krull, ed., *Debates on Issues of Our Common Future*, Velbrück Wissenschaft, 2000, 283–313)。或许我们可以按照卡尔·波普尔在《猜想与反驳》(Karl Popper, *Conjectures and Refutations*, Routledge, 1963 ）中的方法养育婴儿，同时抛弃独断的理性主义、客观性、对无价值社会科学的信仰、方法论的个人主义、生物还原论，以及与环境无关的道德普遍主义。也许到那时我们就能更深刻地理解这个世界，并让它变成一个更好的地方。

对我来说，未来的道路似乎首先指向进化的过去。我们从哪里来、我们如何进化并不会决定我们的命运，但这些都是产生严重后果的重要问题。人类学家在这些问题上发出了当代的声音，克里斯托弗·博姆在《道德的起源：美德、利他主义和羞耻的进化》（Christopher Boehm, *Moral Origins: The Evolution of Virtue, Altruism and Shame*, Basic, 2012）中解释了为什么今天仍然存在野蛮、惩罚、长篇大论、宗教和合作。尽管生物–文化的共同进化仍未被充分理解，博姆描述的许多内容都可以放入进化生物学家斯蒂芬·斯特恩斯的《在从个体到群体的重大进化转变过程中，我们是否处于停滞状态？》（Stephen Stearns, "Are We Stalled Part Way Through a Major Evolutionary Transition from Individual to Group?," *Evolution* 61:2275–80, 2007）的论述框架中。斯特恩斯认为，我们可以分享劳动分工、合作和利他主义的许多特征，这些特征都是真正的社会性昆虫的特征，但我们保留了个体的自由和野心，而这些是它们不具备的。这是一件好事，因为它带来了所有的不同，但是它也有一个代价。关于为什么蚂蚁和人类如此成功，请阅读E. O. 威尔逊的《地球的社会征服》（E. O. Wilson, *The Social Conquest of Earth*, Liveright, 2012），以及奥伦·哈曼写的关于这本书的一篇短评《蚂蚁中的莎士比亚》（Oren Harman, "Shakespeare Among the Ants," *Studies in History and Philosophy of Biological and Biomedical Sciences* 44:114–18, 2013）。从进化视角解读情感在道德的诞生中的作用以及之后文化在人类进化中的重要性，请参看杰西·普林茨的《情感道德建设》（Jesse Prinz, *The Emotional Construction of Morals*, Oxford University Press, 2008）和《超越人类的本性：文化和经验如何影响人类思维》（Jesse Prinz,

Beyond Human Nature: How Culture and Experience Shape the Human Mind, W. W. Norton, 2014）。

对人类智力的研究是另一种探究，与考察我们的道德天性的结果有关，但又有所不同。阿莫斯·特沃斯基和丹尼尔·卡尼曼第一次展示了人类如何系统地偏离理性，请阅读他们的经典论文《不确定性条件下的判断：启发法和偏差》（Amos Tversky and Daniel Kahneman, "Judgment Under Uncertainty: Heuristics and Biases," *Science*, 185:1124–31, 1974）。卡尼曼将很多关于前景理论的后续见解总结成一本精彩的畅销书《思考，快与慢》（Daniel Kahneman, *Thinking, Fast and Slow*, Farrar, Straus and Giroux, 2011）。有趣的是，许多经典的启发法和偏见在2 500年前就存在了。想要了解柏拉图，请阅读尼克·罗密欧的《柏拉图式的非理性》（Nick Romeo, "Platonically Irrational," *Aeon*, May 15, 2017）。

形象地说，我们可以无限地想象，同时被永久地固定在有限的身躯中，这就是我们的命运。想要了解一个试图打破界限的男人的美丽故事，请阅读罗兰·格雷厄姆和简–米歇尔·坎特的《命名为无限：一个关于宗教神秘主义和数学创造的真实故事》（Loren Graham and Jean-Michel Kantor, *Naming Infinity: A True Story of Religious Mysticism and Mathematical Creativity*, Belknap, 2009）。关于智力的退化，最令人心酸的描述莫过于G. H. 哈代的《数学家的道歉》（G. H. Hardy, *A Mathematician's Apology*, Cambridge University Press, 1940, repr. 1967)。18世纪的唯物主义者、普鲁士国王腓特烈二世的读者朱利安·奥弗雷·拉·美特利从来不相信人生来就知道无限。1747年，他在《人是机器》(*L'homme machine*) 中写道："人首先不过是一条虫子。" 这本书在他那个时代被禁，导致他逃离法国。"让我们不要在无限中迷失自我，我们生来就不应该有无限的概念，我们绝对不可能回到事物的起源。" 神学家和哲学家笛卡儿也许相信理性可以把人从肉体中解救出来，但这是一种膨胀的幻想，他们是虚荣的装腔作势者。拥抱对基本的物质生物——蠕虫、鼹鼠、爬行的机器——的无知，意味着一种美好、公正和幸福的生活。最终，我们必须接受一个事实，即有许多东西是我们无法掌控的。

今天我们知道：我们可以像研究地球的地质学一样去研究世界神话。不同文化的神话相互关联，因为它们的历史与不同的民族一起迁移，并在当地适应和改变，可参阅尤廉·胡的《神话的演变》(Julien d'Huy, "The Evolution of Myths," *Scientific American* 315:56–63, December 2016)。神话以及更普遍意义上的故事传说，可能在促使早期人类群体之间合作方面发挥了关键作用，详见丹尼尔·史密斯等的《合作与采猎叙事的演变》(Daniel Smith et al., "Cooperation and the Evolution of Hunter-Gatherer Storytelling," *Nature Communications* 8:1853, 2017)。也有人试图使用人工制品，包括神话，来渗透（不再原始的）古代人民的思想，可参见亚历山大·马沙克的《文明的根源：人类第一个艺术、符号和符号的认知开端》(Alexander

Marshack, *The Roots of Civilization: The Cognitive Beginnings of Man's First Art, Symbol, and Notation*, 1971; McGraw-Hill First Edition hardcover, 1991)。

然而，神话科学并不能解释神话。尽管我们从对神话的理性审视中获得了令人着迷的洞见，但我们可以凭直觉正确地知道，神话中涉及的重大问题仍未得到解决。在某种程度上，我们学得越多，神话就越神秘。也许这就是它应该有的样子，没有其他出路。

/ 致谢 /

从孩提时代起，我就一直有写作本书的想法。这一切真正始于15年前，当时我在赞比西河上与萨曼莎·帕沃共处，我感谢她的热情和甜蜜的鼓励。我还要感谢我的好朋友休·尼森，他也是一位真正的艺术家，但可惜在本书出版之前就去世了。还有玛丽莲·尼森森，感谢她和我一直是朋友。

奥法哈·科比里那为本书绘制了精彩的插图，和她一起工作是一种特殊的体验。谢谢你，奥法哈，感谢你的艺术和沉静的智慧。感谢彼得·戈弗雷·史密斯和已故的杰克·雷普切克，我与他们分享了我在不同阶段的想法。哈佛大学科学史学院的珍妮特·布朗是一位慷慨的主人，我在她那里休假时开始写这本书。谢谢你，珍妮特。也谢谢你，瓦尔登湖，新英格兰的树叶和所有的朋友，感谢这神奇的一年。

当我在西街18号法拉、斯特劳斯和吉鲁出版公司的老办公室里遇到埃里克·钦斯基的时候，我知道我会和他一起合作，尽管我不确定他一开始会怎么做。这是一次多么偶然的会面啊！我找不到比他更聪明的伙伴了。谢谢你，埃里克，感谢你温和与杰出的判断力，感谢你在项目还不为人知的时候就相信它。我也非常感谢茱莉亚·林戈对我的帮助，杰夫·希瑞和斯蒂芬·韦尔及其宣传团队，乔纳森·D. 利平科特非常棒的内文设计，罗德里戈·科拉尔和洪成碧出色的书封设计，以及安妮·戈特利布不可思议的洞察力。

感谢我的经纪人莎拉·查尔芬特对我的支持，她非常出色，也感谢卢克·英格拉姆和威利团队的其他成员。

当我还是个孩子的时候，我的父母给我讲述了很多神话，带我参观了美国自然历史博物馆，还参观了许多其他地方。我全心全意地爱着你们，还有我最好的朋友丹兹和米什。感谢莎娜，感谢所有的笑声，感谢迈斯卓·迈克尔·沙尼和我在特拉维夫室内合唱团的同事的音乐。最后，我要感谢耶莉，最聪明的女人之一，她在书的每一章成文时就开始阅读，给我生下了沙伊齐和阿比——我们最宝贵的财富。谢谢你，我的爱人，把我们的生命活成了一个奇迹。